江苏省特种作业人员安全技术培训考核配套教材

熔化焊接与热切割作业

主　编　樊巧芳

副主编　刘胡彬　王　明　杨炎川

东南大学出版社
SOUTHEAST UNIVERSITY PRESS
·南京·

图书在版编目（CIP）数据

熔化焊接与热切割作业 / 樊巧芳主编. — 南京：
东南大学出版社，2022.3（2024.6重印）
ISBN 978 - 7 - 5766 - 0056 - 8

Ⅰ. ①熔… Ⅱ. ①樊… Ⅲ. ①熔焊-技术培训-教材
②切割-技术培训-教材 Ⅳ. ①TG442②TG48

中国版本图书馆 CIP 数据核字（2022）第 047005 号

责任编辑:陈潇潇 责任校对:韩小亮 封面设计:王 玥 责任印制:周荣虎

熔化焊接与热切割作业

主　　编　樊巧芳
出版发行　东南大学出版社
社　　址　南京四牌楼 2 号　邮编:210096
网　　址　http://www.seupress.com
电子邮件　press@seupress.com
经　　销　全国各地新华书店
印　　刷　南京京新印刷有限公司
开　　本　787 mm×1092 mm　1/16
印　　张　8.25
字　　数　170 千字
版　　次　2022 年 3 月第 1 版
印　　次　2024 年 6 月第 4 次印刷
书　　号　ISBN 978 - 7 - 5766 - 0056 - 8
定　　价　36.80 元

＊ 本社图书若有印装质量问题,请直接与营销部调换。电话(传真):025 - 83791830。

前　言

熔化焊接与热切割是特种作业,特种作业人员的安全培训是企业安全生产管理的重要工作,也是政府各级行政部门安全生产监督管理的重要内容。做好特种作业人员的安全培训,对于保障特种作业人员及其他人员的生命安全、防止事故的发生和人员伤亡,提高企业安全生产水平和经济效益都具有十分重要的作用。

科学技术的不断进步和安全法制建设的加快,对安全生产和安全培训工作提出了更新的标准、更高的要求。党的十九大以来,习近平总书记对安全生产作出了重要指示,安全生产工作应当以人为本,坚持"人民至上、生命至上",把保护人民生命安全摆在首位,树牢安全发展理念,坚持安全第一、预防为主、综合治理的方针,从源头上防范化解重大安全风险。焊工作为熔化焊接与热切割作业的主要实施者,提高焊工的安全素质和安全能力十分必要。

江苏省熔化焊接与热切割特种作业人员培训工作已进行了多年,为企业培训了大批的焊接操作人员。特种作业安全培训促进了企业安全生产水平的提高,保障了安全生产的形势逐年好转,对江苏的制造业发展做出了很大贡献。为适应新形势,新的《熔化焊接与热切割作业》教材根据近几年的实施情况进行了更新,内容紧扣《熔化焊接与热切割作业人员安全技术培训大纲和考核标准》编写,对知识点所涉及的题目进行了系统整理,方便参培学员学习和使用。

本教材第一章绪论,第二章熔化焊接与热切割作业通用理论知识,附录一考试题库、试题答案由樊巧芳编写整理,第三章熔化焊接与热切割作业专业技术由王明编写,第四章熔化焊接与热切割作业危险源辨识由杨炎川编写整理,附录二安全标识由南通市通州建筑职业技能培训学校刘胡彬整理。

由于编写时间仓促,水平有限,书中难免有疏漏、错误之处,敬请提出宝贵意见。

编　者

2022 年 1 月 20 日

目　录

第一章 绪 论

第一节 相关的安全生产法律、法规、标准

一、安全生产法

《中华人民共和国安全生产法》(简称《安全生产法》)自 2002 年 11 月 1 日施行以来,对加强和改进安全生产工作起到了重要作用,截至 2021 年 10 月,《安全生产法》已进行了三次修订。2009 年 8 月 27 日第十一届全国人民代表大会常务委员会第十次会议《关于修改部分法律的决定》第一次修正,2014 年 8 月 31 日第十二届全国人民代表大会常务委员会第十次会议《关于修改〈中华人民共和国安全生产法〉的决定》第二次修正,2021 年 6 月 10 日第十三届全国人民代表大会常务委员会第二十九次会议《关于修改〈中华人民共和国安全生产法〉的决定》第三次修正,自 2021 年 9 月 1 日起施行。修订后的《安全生产法》强调:

1. "安全生产工作"坚持中国共产党的领导

安全生产工作应当以人为本,坚持人民至上、生命至上,坚持"安全第一、预防为主、综合治理"的方针,从源头上防范化解重大安全风险。

"安全第一"要求从事生产经营活动必须把安全放在首位,不能以牺牲人的生命、健康为代价换取发展和效益。

"预防为主"要求把安全生产工作的重心放在预防上,强化隐患排查治理,打非治违,从源头上控制、预防和减少生产安全事故。

"综合治理"要求运用行政、经济、法治、科技等多种手段,充分发挥社会、职工、舆论监督各个方面的作用,抓好安全生产工作。

2. 修订后的《安全生产法》的总体要求

(1) 明确安全生产主体责任 生产经营单位的主要负责人是本单位安全生产第一责任人,对本单位的安全生产工作全面负责,其他负责人对职责范围内的安全生产工作负责。安全生产工作实行管行业必须管安全、管业务必须管安全、管生产经营必须管安全,强化和落实生产经营单位主体责任与政府监管责任,建立生产经营单位负责、职工参与、政府监管、行业自律和社会监督的机制。

(2) 确立全员安全生产责任 安全生产是全体人员共同的责任。生产经营单位必须遵守本法和其他有关安全生产的法律、法规,加强安全生产管理,建立健全全员安全生产责任制和安全生产规章制度,加大对安全生产资金、物资、技术、人员的投入保障力度,改善安全生产条件,加强安全生产标准化、信息化建设,构建安全风险分级管控和隐患排查治理双重预防机制,健全

风险防范化解机制,提高安全生产水平,确保安全生产。

（3）建立安全风险分级管控制度　生产经营单位应当建立健全并落实生产安全事故隐患排查治理制度,采取技术、管理措施,及时发现并消除事故隐患。事故隐患排查治理情况应当如实记录,并通过职工大会或者职工代表大会、信息公示栏等方式向从业人员通报。其中,重大事故隐患排查治理情况应当及时向负有安全生产监督管理职责的部门和职工大会或者职工代表大会报告。

（4）关注员工心理、行为习惯（新增）　生产经营单位应当关注从业人员的身体、心理状况和行为习惯,加强对从业人员的心理疏导、精神慰藉,严格落实岗位安全生产责任,防范从业人员行为异常导致事故发生。

（5）明确从业人员安全生产责任　从业人员在作业过程中,应当严格落实岗位安全责任,遵守本单位的安全生产规章制度和操作规程,服从管理,正确佩戴和使用劳动防护用品。生产经营单位的从业人员不落实岗位安全责任,不服从管理,违反安全生产规章制度或者操作规程的,由生产经营单位给予批评教育,依照有关规章制度给予处分;构成犯罪的,依照刑法有关规定追究刑事责任。

（6）连续处罚（新增）　生产经营单位违反本法规定,被责令改正且受到罚款处罚,拒不改正的,负有安全生产监督管理职责的部门可以自做出责令改正之日的次日起,按照原处罚数额按日连续处罚。

（7）明确未出事故也将追究刑责　生产经营单位未采取措施消除事故隐患的,责令立即消除或者限期消除,处五万元以下的罚款;生产经营单位拒不执行的,责令停产停业整顿,对其直接负责的主管人员和其他直接责任人员处五万元以上十万元以下的罚款;构成犯罪的,依照刑法有关规定追究刑事责任。

（8）鼓励投保安全生产责任保险　国家鼓励生产经营单位投保安全生产责任保险;属于国家规定的高危行业、领域的生产经营单位,应当投保安全生产责任保险。高危行业、领域的生产经营单位未按照国家规定投保安全生产责任保险的,责令限期改正,处五万元以上十万元以下的罚款;逾期未改正的,处十万元以上二十万元以下的罚款。

（9）要求发生事故应及时救治人员　生产经营单位发生生产安全事故后,应当及时采取措施救治有关人员。因生产安全事故受到损害的从业人员,除依法享有工伤保险外,依照有关民事法律尚有获得赔偿的权利的,有权提出赔偿要求。

3. 新安全生产法对企业的要求

生产经营单位的主要负责人未履行本法规定的安全生产管理职责的,责令限期改正,处二万元以上五万元以下的罚款;逾期未改正的,处五万元以上十万元以下的罚款,责令生产经营单位停产停业整顿。

生产经营单位的主要负责人未履行本法规定的安全生产管理职责,导致发生生产安全事故的,由应急管理部门依照下列规定处以罚款:

（1）发生一般事故的,处上一年年收入百分之四十的罚款;

（2）发生较大事故的,处上一年年收入百分之六十的罚款;

（3）发生重大事故的,处上一年年收入百分之八十的罚款;

（4）发生特别重大事故的,处上一年年收入百分之一百的罚款。

生产经营单位的其他负责人和安全生产管理人员未履行本法规定的安全生产管理职责的,责令限期改正,处一万元以上三万元以下的罚款;导致发生生产安全事故的,暂停或者吊销其与安全生产有关的资格,并处上一年年收入百分之二十以上百分之五十以下的罚款;构成犯罪的,依照刑法有关规定追究刑事责任。

生产经营单位有下列行为之一的,责令限期改正,处十万元以下的罚款;逾期未改正的,责令停产停业整顿,并处十万元以上二十万元以下的罚款,对其直接负责的主管人员和其他直接责任人员处二万元以上五万元以下的罚款:

(1)未按照规定设置安全生产管理机构或者配备安全生产管理人员、注册安全工程师的;

(2)危险物品的生产、经营、储存、装卸单位以及矿山、金属冶炼、建筑施工、运输单位的主要负责人和安全生产管理人员未按照规定经考核合格的;

(3)未按照规定对从业人员、被派遣劳动者、实习学生进行安全生产教育和培训,或者未按照规定如实告知有关的安全生产事项的;

(4)未如实记录安全生产教育和培训情况的;

(5)未将事故隐患排查治理情况如实记录或者未向从业人员通报的;

(6)未按照规定制定生产安全事故应急救援预案或者未定期组织演练的;

(7)特种作业人员未按照规定经专门的安全作业培训并取得相应资格,上岗作业的。

生产经营单位有下列行为之一的,责令停止建设或者停产停业整顿,限期改正,并处十万元以上五十万元以下的罚款,对其直接负责的主管人员和其他直接责任人员处二万元以上五万元以下的罚款;逾期未改正的,处五十万元以上一百万元以下的罚款,对其直接负责的主管人员和其他直接责任人员处五万元以上十万元以下的罚款;构成犯罪的,依照刑法有关规定追究刑事责任:

(1)未按照规定对矿山、金属冶炼建设项目或者用于生产、储存、装卸危险物品的建设项目进行安全评价的;

(2)矿山、金属冶炼建设项目或者用于生产、储存、装卸危险物品的建设项目没有安全设施设计或者安全设施设计未按照规定报经有关部门审查同意的;

(3)矿山、金属冶炼建设项目或者用于生产、储存、装卸危险物品的建设项目的施工单位未按照批准的安全设施设计施工的;

(4)矿山、金属冶炼建设项目或者用于生产、储存、装卸危险物品的建设项目竣工投入生产或者使用前,安全设施未经验收合格的。

二、中华人民共和国职业病防治法

《中华人民共和国职业病防治法》以下简称《职业病防治法》于 2001 年 10 月 27 日第九届全国人民代表大会常务委员会第二十四次会议通过,根据 2018 年 12 月 29 日第十三届全国人民代表大会常务委员会第七次会议《关于修改〈中华人民共和国劳动法〉等七部法律的决定》第四次修正。职业病防治法的内容主要有:

1. 职业病的范围

依据《职业病防治法》第二条的规定,职业病,是指企业、事业单位和个体经济组织等用人单位的劳动者在职业活动中,因接触粉尘、放射性物质和其他有毒、有害因素而引起的疾病。职业病的分类和目录由国务院卫生行政部门会同国务院劳动保障行政部门制定、调整并公布。

2. 职业病的防治方针及相关制度

《职业病防治法》的总则部分对职业病防治的基本方针、基本制度做出了规定,这些方针、基本制度主要有:

（1）职业病防治工作坚持"预防为主、防治结合"的方针。这是职业病防治工作中必须坚持的基本方针。它是根据职业病可以预防，但是难以治疗的特点提出来的，是一个对劳动者健康负责的、积极的、主动的方针。

（2）劳动者依法享有职业卫生保护的权利。用人单位应当为劳动者创造符合国家职业卫生标准和卫生要求的工作环境和条件，并采取措施保障劳动者获得职业卫生保护。

（3）用人单位对本单位产生的职业病危害承担责任。用人单位应当建立、健全职业病防治责任制，加强对职业病防治的管理，提高职业病防治水平。用人单位的主要负责人对本单位的职业病防治工作全面负责。

（4）用人单位必须依法参加工伤保险。这是职业病防治中保护劳动者的一项基本措施。工伤是劳动者由于工作原因受到事故伤害和职业病伤害的总称，将职业病纳入工伤社会保险，不仅有利于保障职业病人的合法权益，同时也分担了用人单位的风险，有利于生产经营的稳定。

（5）国家实行职业卫生监督制度。国务院卫生行政部门、劳动保障行政部门依照本法和国务院确定的职责，负责全国职业病防治的监督管理工作。国务院有关部门在各自的职责范围内负责职业病防治的有关监督管理工作。

县级以上地方人民政府卫生行政部门、劳动保障行政部门依据各自职责，负责本行政区域内职业病防治的监督管理工作。县级以上地方人民政府有关部门在各自的职责范围内负责职业病防治的有关监督管理工作。

（6）国家要求严格落实职业病防治工作责任制。国务院和县级以上地方人民政府应当制定职业病防治规划，将其纳入国民经济和社会发展计划，并组织实施。县级以上地方人民政府统一负责、领导、组织、协调本行政区域的职业病防治工作，建立健全职业病防治工作体制、机制，统一领导、指挥职业卫生突发事件应对工作；加强职业病防治能力建设和服务体系建设，完善、落实职业病防治工作责任制；县级以上人民政府职业卫生监督管理部门应当加强对职业病防治的宣传教育，普及职业病防治的知识，增强用人单位的职业病防治观念，提高劳动者的职业健康意识、自我保护意识和行使职业卫生保护权利的能力。

2. 用人单位在职业病防治方面的职责和职业病前期预防的规定

（1）用人单位应当依照法律、法规要求，严格遵守国家职业卫生标准，落实职业病预防措施，从源头上控制和消除职业病危害。

（2）产生职业病危害的用人单位的设立除应当符合法律、行政法规规定的设立条件外，其工作场所还应当符合下列职业卫生要求：

① 职业病危害因素的强度或者浓度符合国家职业卫生标准；

② 有与职业病危害防护相适应的设施；

③ 生产布局合理，符合有害与无害作业分开的原则；

④ 有配套的更衣间、洗浴间、孕妇休息间等卫生设施；

⑤ 设备、工具、用具等设施符合保护劳动者生理、心理健康的要求；

⑥ 法律、行政法规和国务院卫生行政部门关于保护劳动者健康的其他要求。

（3）用人单位工作场所存在职业病目录所列职业病的危害因素的，应当及时、如实向所在地卫生行政部门申报危害项目，接受监督。

（4）新建、扩建、改建建设项目和技术改造、技术引进项目（以下统称建设项目）可能产生职业病危害的，建设单位在可行性论证阶段应当进行职业病危害预评价。职业病危害预评价报告应当对建设项目可能产生的职业病危害因素及其对工作场所和劳动者健康的影响做出评价，确定危害类别和职业病防护措施。

（5）建设项目的职业病防护设施所需费用应当纳入建设项目工程预算，并与主体工程同时设计，同时施工，同时投入生产和使用。建设项目在竣工验收前，建设单位应当进行职业病危害控制效果评价。

（6）国家对从事放射性、高毒、高危粉尘等作业实行特殊管理。具体管理办法由国务院制定。

3. 劳动过程中的防护与管理

（1）《职业病防治法》第二十一条规定，用人单位应当保障职业病防治所需的资金投入，不得挤占、挪用，并对因资金投入不足导致的后果承担责任。

（2）《职业病防治法》第二十二条规定，用人单位必须采用有效的职业病防护设施，并为劳动者提供个人使用的职业病防护用品。用人单位为劳动者个人提供的职业病防护用品必须符合防治职业病的要求；不符合要求的，不得使用。

（3）《职业病防治法》第二十三条规定，用人单位应当优先采用有利于防治职业病和保护劳动者健康的新技术、新工艺、新设备、新材料，逐步替代职业病危害严重的技术、工艺、设备、材料。

（4）《职业病防治法》第二十四条规定，产生职业病危害的用人单位，应当在醒目位置设置公告栏，公布有关职业病防治的规章制度、操作规程、职业病危害事故应急救援措施和工作场所职业病危害因素检测结果。对产生严重职业病危害的作业岗位，应当在其醒目位置，设置警示标识和中文警示说明。

（5）《职业病防治法》第三十一条规定，任何单位和个人不得将产生职业病危害的作业转移给不具备职业病防护条件的单位和个人。不具备职业病防护条件的单位和个人不得接受产生职业病危害的作业。

（6）《职业病防治法》第三十三条规定，用人单位与劳动者订立劳动合同（含聘用合同，下同）时，应当将工作过程中可能产生的职业病危害及其后果、职业病防护措施和待遇等如实告知劳动者，并在劳动合同中写明，不得隐瞒或者欺骗。

（7）《职业病防治法》第三十五条规定，对从事接触职业病危害的作业的劳动者，用人单位应当按照国务院卫生行政部门的规定组织上岗前、在岗期间和离岗时的职业健康检查，并将检查结果书面告知劳动者。职业健康检查费用由用人单位承担。用人单位不得安排未经上岗前职业健康检查的劳动者从事接触职业病危害的作业；不得安排有职业禁忌的劳动者从事其所禁忌的作业；对在职业健康检查中发现有与所从事的职业相关的健康损害的劳动者，应当调离原工作岗位，并妥善安置；对未进行离岗前职业健康检查的劳动者不得解除或者终止与其订立的劳动合同。职业健康检查应当由取得"医疗机构执业许可证"的医疗卫生机构承担。

（8）《职业病防治法》第三十九条规定，劳动者享有下列职业卫生保护权利：

① 获得职业卫生教育、培训；

② 获得职业健康检查、职业病诊疗、康复等职业病防治服务；

③ 了解工作场所产生或者可能产生的职业病危害因素、危害后果和应当采取的职业病防护措施；

④ 要求用人单位提供符合防治职业病要求的职业病防护设施和个人使用的职业病防护用品，改善工作条件；

⑤ 对违反职业病防治法律、法规以及危及生命健康的行为提出批评、检举和控告；

⑥ 拒绝违章指挥和强令进行没有职业病防护措施的作业；

⑦ 参与用人单位职业卫生工作的民主管理，对职业病防治工作提出意见和建议。

4. 职业病诊断与职业病病人保障

（1）职业病诊断应当由取得"医疗机构执业许可证"的医疗卫生机构承担。承担职业病诊断的医疗卫生机构还应当具备下列条件：

① 具有与开展职业病诊断相适应的医疗卫生技术人员；

② 具有与开展职业病诊断相适应的仪器、设备；

③ 具有健全的职业病诊断质量管理制度。

承担职业病诊断的医疗卫生机构不得拒绝劳动者进行职业病诊断的要求。

（2）《职业病防治法》第四十六条规定，职业病诊断，应当综合分析下列因素：

① 病人的职业史；

② 职业病危害接触史和工作场所职业病危害因素情况；

③ 临床表现以及辅助检查结果等。

没有证据否定职业病危害因素与病人临床表现之间的必然联系的，应当诊断为职业病。职业病诊断证明书应当由参与诊断的取得职业病诊断资格的执业医师签署，并经承担职业病诊断的医疗卫生机构审核盖章。

（3）《职业病防治法》第五十三条规定，职业病诊断鉴定委员会应当按照国务院卫生行政部门颁布的职业病诊断标准和职业病诊断、鉴定办法进行职业病诊断鉴定，向当事人出具职业病诊断鉴定书。职业病诊断、鉴定费用由用人单位承担。

（4）《职业病防治法》第五十六条规定，用人单位应当保障职业病病人依法享受国家规定的职业病待遇。

用人单位应当按照国家有关规定，安排职业病病人进行治疗、康复和定期检查。用人单位对不适宜继续从事原工作的职业病病人，应当调离原岗位，并妥善安置。用人单位对从事接触职业病危害的作业的劳动者，应当给予适当岗位津贴。

5. 法律责任

（1）《职业病防治法》第七十二条规定，用人单位违反本法规定，有下列行为之一的，由卫生行政部门给予警告，责令限期改正，逾期不改正的，处五万元以上二十万元以下的罚款；情节严重的，责令停止产生职业病危害的作业，或者提请有关人民政府按照国务院规定的权限责令关闭：

① 工作场所职业病危害因素的强度或者浓度超过国家职业卫生标准的；

② 未提供职业病防护设施和个人使用的职业病防护用品，或者提供的职业病防护设施和个人使用的职业病防护用品不符合国家职业卫生标准和卫生要求的；

③ 对职业病防护设备、应急救援设施和个人使用的职业病防护用品未按照规定进行维护、检修、检测，或者不能保持正常运行、使用状态的；

④ 未按照规定对工作场所职业病危害因素进行检测、评价的；

⑤ 工作场所职业病危害因素经治理仍然达不到国家职业卫生标准和卫生要求时，未停止存在职业病危害因素的作业的；

⑥ 未按照规定安排职业病病人、疑似职业病病人进行诊治的；

⑦ 发生或者可能发生急性职业病危害事故时，未立即采取应急救援和控制措施或者未按照规定及时报告的；

⑧ 未按照规定在产生严重职业病危害的作业岗位醒目位置设置警示标识和中文警示说明的；

⑨ 拒绝职业卫生监督管理部门监督检查的；

⑩ 隐瞒、伪造、篡改、毁损职业健康监护档案、工作场所职业病危害因素检测评价结果等相关资料，或者拒不提供职业病诊断、鉴定所需资料的；

⑪ 未按照规定承担职业病诊断、鉴定费用和职业病病人的医疗、生活保障费用的。

（2）《职业病防治法》第七十四条规定，用人单位和医疗卫生机构未按照规定报告职业病、疑似职业病的，由有关主管部门依据职责分工责令限期改正，给予警告，可以并处一万元以下的罚款；弄虚作假的，并处二万元以上五万元以下的罚款；对直接负责的主管人员和其他直接责任人员，可以依法给予降级或者撤职的处分。

第二节 特种作业人员安全技术培训考核管理规定

国家安全生产监督管理总局令第 30 号《特种作业人员安全技术培训考核管理规定》（以下简称《规定》）于 2010 年 4 月 26 日审议通过。《特种作业人员安全技术培训考核管理规定》于 2010 年 5 月 24 日国家安全监管总局令第 30 号公布，自 2010 年 7 月 1 日起施行；根据 2013 年 8 月 29 日国家安全监管总局令第 63 号第一次修正，根据 2015 年 5 月 29 日国家安全监管总局令第 80 号第二次修正。包含的内容主要有：

一、总则

1. 特种作业是指容易发生事故，对操作者本人、他人的安全健康及设备、设施的安全可能造成重大危害的作业。特种作业的范围由特种作业目录规定。本规定所称特种作业人员，是指直接从事特种作业的从业人员。

2. 特种作业人员应当符合下列条件：

（1）年满 18 周岁，且不超过国家法定退休年龄；

（2）经社区或者县级以上医疗机构体检健康合格，并无妨碍从事相应特种作业的器质性心脏病、癫痫病、美尼尔氏症、眩晕症、癔病、震颤麻痹症、精神病、痴呆症以及其他疾病和生理缺陷；

（3）具有初中及以上文化程度；

（4）具备必要的安全技术知识与技能；

（5）相应特种作业规定的其他条件。

3. 特种作业人员必须经专门的安全技术培训并考核合格，取得《中华人民共和国特种作业操作证》（以下简称特种作业操作证）后，方可上岗作业。

4. 特种作业人员的安全技术培训、考核、发证、复审工作实行统一监管、分级实施、教考分离的原则。

二、培训

1. 特种作业人员应当接受与其所从事特种作业相应的安全技术理论培训和实际操作培训。已经取得职业高中、技工学校及中专以上学历的毕业生从事与其所学专业相应的特种作业,持学历证明经考核发证机关同意,可以免予相关专业的培训。跨省、自治区、直辖市从业的特种作业人员,可以在户籍所在地或者从业所在地参加培训。

2. 对特种作业人员的安全技术培训,具备安全培训条件的生产经营单位应当以自主培训为主,也可以委托具备安全培训条件的机构进行培训。不具备安全培训条件的生产经营单位,应当委托具备安全培训条件的机构进行培训。生产经营单位委托其他机构进行特种作业人员安全技术培训的,保证安全技术培训的责任仍由本单位负责。

三、考核发证

1. 特种作业人员的考核包括考试和审核两部分。考试由考核发证机关或其委托的单位负责;审核由考核发证机关负责。

2. 参加特种作业操作资格考试的人员,应当填写考试申请表,由申请人或者申请人的用人单位持学历证明或者培训机构出具的培训证明向申请人户籍所在地或者从业所在地的考核发证机关或其委托的单位提出申请。特种作业操作资格考试包括安全技术理论考试和实际操作考试两部分。考试不及格的,允许补考 1 次。经补考仍不及格的,重新参加相应的安全技术培训。

3. 特种作业操作证有效期为 6 年,在全国范围内有效。特种作业操作证由安全监管总局统一式样、标准及编号。

4. 特种作业操作证遗失的,应当向原考核发证机关提出书面申请,经原考核发证机关审查同意后,予以补发。

特种作业操作证所记载的信息发生变化或者损毁的,应当向原考核发证机关提出书面申请,经原考核发证机关审查确认后,予以更换或者更新。

四、复审

1. 特种作业操作证每 3 年复审 1 次。特种作业人员在特种作业操作证有效期内,连续从事本工种 10 年以上,严格遵守有关安全生产法律法规的,经原考核发证机关或者从业所在地考核发证机关同意,特种作业操作证的复审时间可以延长至每 6 年 1 次。

2. 特种作业操作证需要复审的,应当在期满前 60 日内,由申请人或者申请人的用人单位向原考核发证机关或者从业所在地考核发证机关提出申请,并提交下列材料:

(1) 社区或者县级以上医疗机构出具的健康证明;

(2) 从事特种作业的情况;

(3) 安全培训考试合格记录。

特种作业操作证有效期届满需要延期换证的,应当按照前款的规定申请延期复审。

3. 特种作业操作证申请复审或者延期复审前,特种作业人员应当参加必要的安全培训并考试合格。

安全培训时间不少于 8 个学时,主要培训法律、法规、标准、事故案例和有关新工艺、新技术、新装备等知识。

4. 特种作业人员有下列情形之一的,复审或者延期复审不予通过:

(1) 健康体检不合格的;

(2) 违章操作造成严重后果或者有 2 次以上违章行为,并经查证确实的;

(3) 有安全生产违法行为,并给予行政处罚的;

（4）拒绝、阻碍安全生产监管监察部门监督检查的；

（5）未按规定参加安全培训，或者考试不合格的；

（6）具有本规定第三十条、第三十一条规定情形的。

五、监督管理

1. 有下列情形之一的，考核发证机关应当撤销特种作业操作证：

（1）超过特种作业操作证有效期未延期复审的；

（2）特种作业人员的身体条件已不适合继续从事特种作业的；

（3）对发生生产安全事故负有责任的；

（4）特种作业操作证记载虚假信息的；

（5）以欺骗、贿赂等不正当手段取得特种作业操作证的。

2. 有下列情形之一的，考核发证机关应当注销特种作业操作证：

（1）特种作业人员死亡的；

（2）特种作业人员提出注销申请的；

（3）特种作业操作证被依法撤销的。

3. 离开特种作业岗位6个月以上的特种作业人员，应当重新进行实际操作考试，经确认合格后方可上岗作业。

4. 特种作业人员在劳动合同期满后变动工作单位的，原工作单位不得以任何理由扣押其特种作业操作证。

跨省、自治区、直辖市从业的特种作业人员应当接受从业所在地考核发证机关的监督管理。

第二章　熔化焊接与热切割作业通用理论知识

第一节　熔化焊接与热切割作业基础知识

一、焊接概述

焊接就是通过加热或加压,或两者并用,并且用或不用填充材料,使焊件形成原子间结合的一种连接方法。由此可见,焊接最本质的特点就是通过焊接使焊件达到结合,从而将原来分开的物体形成永久性连接的整体。焊接技术的应用非常广泛,既可用于金属,也可用于非金属。

按照焊接过程中金属所处的状态不同,可以把焊接方法分为熔焊、压焊和钎焊三类。

熔焊:是在焊接过程中,将焊件接头加热至熔化状态,不加压力完成焊接的方法。目前熔焊应用最广,常见的气焊、电弧焊、电渣焊、气体保护电弧焊等属于熔焊。

压焊:是在焊接过程中,必须对焊件施加压力(加热或不加热),以完成焊接的方法。如电阻焊、摩擦焊、气压焊、冷压焊、爆炸焊等属于压焊。

钎焊:是采用比母材熔点低的钎料作填充材料,焊接时将焊件和钎料加热到高于钎料熔点,低于母材熔点的温度,利用液态钎料润湿母材,填充接头间隙并与母材相互扩散实现连接焊件的方法。常见的钎焊方法有烙铁钎焊、火焰钎焊等。

焊接方法的分类见图 2-1。

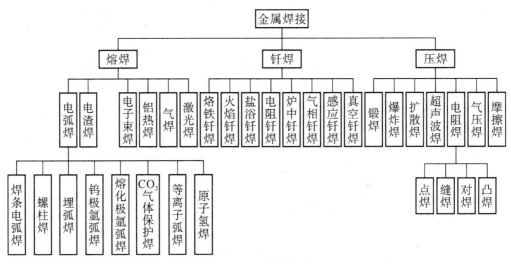

图 2-1　焊接的分类

二、热切割概述

热切割是指采用热能、电能或化学能将金属加热到其熔化温度以上,并使金属保持在熔化或半熔化状态,再利用流体动力将金属去除、吹开或燃烧,达到切除或去除金属的工艺方法。常见的热切割分为火焰切割和电弧切割。

1. 火焰切割

火焰切割是利用氧化铁燃烧过程中产生的高温来切割碳钢,火焰割炬的设计为燃烧氧化铁提供了充分的氧气,以保证获得良好的切割效果。

火焰切割是最老的热切割方式,其切割金属的厚度可以从 1 mm 到 1.2 m,火焰切割方法有割炬切割和切割机切割两种。按其加热气源的不同,火焰切割可分为气割、液化石油气切割、氢氧源切割、氧熔剂切割。

(1)气割(氧乙炔切割)　是利用氧乙炔混合燃烧所产生的火焰预热金属,待加热至熔化状态后,利用高压氧使金属在纯氧气流中剧烈燃烧,生成熔渣并将其吹掉。

(2)液化石油气切割　其原理与气割原理相同,不同的是液化石油气的燃烧特性与乙炔不同,所以割炬也有所不同。

(3)氢氧源切割　是利用水电解氢氧发生器,用直流电将水电解成氢气和氧气,其气体比例恰好完全燃烧,温度可达 2 800～3 000 ℃。

(4)氧熔剂切割　是在切割氧流中加入纯铁粉或其他熔剂,利用它们的燃烧热和废渣作用实现气割的方法。

2. 电弧切割

所有的金属材料几乎都可以用电弧切割,电弧切割主要有等离子弧切割、碳弧气刨、碳弧刨割条三种加工方法。

(1)等离子弧切割　是利用高温高速的强劲等离子流,将被切割金属熔化并随即吹除,形成狭窄的切口而完成切割的方法。

(2)碳弧气刨　是利用碳极电弧的高温,把金属的局部加热到熔化状态,同时用压缩空气的气流把熔化金属吹掉,从而达到对金属进行切割的一种加工方法。其切割原理是用钳式割炬夹持圆柱形、扁形或矩形的碳棒作为电极之一,另一电极为工件。压缩空气从割炬喷气孔喷出,并沿碳棒侧面或四周喷向电弧在工件上的燃着点,吹除熔化金属和熔渣,形成切口。碳弧切割可用于切除焊缝缺陷、开坡口、切除铸件冒口、飞边、毛刺和缺陷,以及废品废料的解体等。

(3)碳弧刨割条　其外形与普通焊条相同,是利用药皮在电弧高温下产生的喷射气流,吹除熔化金属,达到刨割的目的。工作时只需交、直流弧焊机,不用空气压缩机。

三、金属材料概述

(一)金属材料的分类

人们通常根据金属的颜色和性质等特征,将金属分成黑色金属和有色金属两大类。

黑色金属主要指铁、锰、铬及其合金,如钢、生铁、铁合金、铸铁等。黑色金属以外的金属称为有色金属。黑色金属和有色金属这名字,常常使人误会,以为黑色金属一定是黑的,其实不然。

黑色金属只有铁、锰、铬三种元素,而它们三个都不是黑色的,纯铁是银白色的,锰是银白色的,铬是灰白色的。

有色金属根据其相对密度又分为轻金属和重金属。相对密度小于4.5的称为"轻金属",例如:铝、镁、锂、钠、钾等;相对密度大于4.5的称为"重金属",例如:铜、锌、镍、汞、锡、铅等。

(二)金属材料的性能

金属材料的性能主要分为工艺性能和使用性能。工艺性能包括铸造性能、锻压性能、焊接性能、热处理性能和切削性能等;使用性能是指金属零件在使用条件下金属材料表现出来的性能,包括物理性能、化学性能和力学性能。金属材料的使用性能决定了它的使用范围。

1. 金属材料的物理性能

金属材料的物理性能主要是指其密度、熔点、导电性、导热性及热胀冷缩性等。大部分金属材料是银白色(铜是紫红色,金是黄色),常温下一般是固体(汞是液体),具有金属光泽。

(1)密度 物体单位体积所具有的质量称为密度,用密度可以计算毛坯的重量,鉴别金属材料等。

(2)导电性 金属传导电流的能力叫作导电性。各种金属的导电性各不相同,通常银的导电性最好,其次是铜和铝。

(3)导热性 金属传导热量的性能称为导热性。金属的导热性常用导热系数λ[W/(m·K)]来评价,λ值愈大,导热性愈好。材料的导热性对材料加工和使用都有很大的影响,若某些零件在使用时需要大量吸热或散热时,就需要用导热性好的材料。如:凝汽器中的冷却水管常用导热性好的铜合金制造,以提高冷却效果。高碳钢的导热性就比低碳钢的差。

(4)热胀冷缩性 材料的热胀冷缩性用线膨胀系数 $\alpha(1/℃)$ 或体积膨胀系数来评价。线膨胀系数或体积膨胀系数愈大,材料的尺寸或体积随温度升高而增大愈多,随温度降低而减少愈多,不仅对零件的使用有很大影响,而且影响零件的加工。被焊的工件由于受热不均匀而产生不均匀的热膨胀,就会导致焊件的变形和焊接应力。常用金属材料的物理性能见表2-1。

表2-1 常用金属材料的物理性能

物理性能	物理性能比较						
导电性(以银的导电性为100作标准)	银	铜	金	铝	锌	铁	铅
	优←100	99	74	61	27	17	7.9→良
密度/(g·cm⁻³)	金	铅	银	铜	铁	锌	铝
	大←19.3	11.3	10.5	8.92	7.86	7.14	2.7→小
熔点/℃	钨	铁	铜	金	银	铝	锡
	高←3 410	1 535	1 083	1 064	962	660	232→低
硬度(以金刚石的硬度为10作为标准)	铬	铁	银	铜	金	铝	铅
	大←9	4～5	2.5～4	2.5～3	2.5～3	2～2.9	1.5→小

2. 金属材料的化学性能

化学性能是指金属在室温或者高温抵抗各种介质化学作用的能力,即化学稳定性。主要化学性能有抗氧化性和抗腐蚀性。

（1）抗氧化性：材料在使用过程中，尤其是在高温下使用要考虑材料的抗氧化性。

（2）抗腐蚀性：腐蚀也是零件失效的一个主要原因，根据零件的工作环境的不同，要考虑材料耐不同介质腐蚀的能力。

3. 金属材料的力学性能

金属材料在外部负荷作用下，从开始受力直至材料破坏的全部过程所呈现的力学特征，称为力学性能。它是衡量金属材料使用性能的重要指标。力学性能主要包括强度、硬度、塑性和冲击韧性。

（1）强度 金属材料的强度代表金属材料对变形和断裂的抗力，它用单位截面上所受的力（称为应力）来表示。常用的强度指标有屈服强度和抗拉强度等。

① 屈服强度：材料抵抗应力作用下，开始发生明显塑性变形，拉力不增加，应力增加，产生屈服现象的最小应力值称为屈服强度，以 σ_s 表示，它表征材料抵抗微量塑性变形的能力，是塑性材料选材和评定的依据。

② 抗拉强度：金属材料在破坏前所承受的最大拉应力，以 σ_b，表示，它表征了材料抵抗断裂的能力，σ_b 越大，抗拉强度越高。

金属材料的屈服强度越高，金属材料的抗拉强度也会越大。

（2）硬度 硬度是指材料抵抗局部变形，特别是塑性变形、压痕或划痕的能力，是衡量金属软硬的判据。通常用布氏硬度、洛氏硬度、维氏硬度等来表示材料的硬度。

① 布氏硬度（HB）：用来测量硬度不太高的材料，如碳钢、有色金属，另外，由于压痕比较大，不宜测量薄件和对表面质量要求较高的成品件（淬火小钢球）。

② 洛氏硬度：压痕面积小，软硬材料都可以测，但负荷大，不宜测量薄件或具有表面硬化层的材料（顶角为 120°的金刚石圆锥）。

HRC（顶角为 120°的金刚石圆锥）测 HRC 20 - 70 的硬金属；

HRB（钢球）测 HRB 25 - 100 的软金属；

HRA（顶角为 120°的金刚石圆锥）测 HRA 大于 70 的很硬的金属。

③ 维氏硬度（HV）：压痕面积较浅而大，可测表面具有硬化层的材料（顶角为 136°的金刚石四棱锥）。

（3）塑性 塑性是指金属材料在外力的作用下产生塑性变形的能力，表示金属材料塑性性能的指标有伸长率、断面收缩率及冷弯角等。

① 伸长率：金属材料受拉力作用破断时，伸长量与原长度的百分比叫作伸长率，以 δ 表示。

② 断面收缩率：金属材料受拉力作用破断时，拉断处横截面缩小的面积与原始截面积的百分比叫作断面收缩率，以 φ 表示。

③ 冷弯角：也叫弯曲角，一般是指用长条形试件，根据不同的材质、板厚，按规定的弯曲半径进行弯曲，在受拉面出现裂纹时受拉面与裂纹平面的夹角，以 α 表示。冷弯角越大，说明材料的塑性越好。

（4）冲击韧性 冲击韧性表示材料抵抗动载荷或冲击载荷作用的能力，并以冲断试样每单位面积所消耗的功来表示。冲击值是冲击韧性的一个指标，以 a_k 表示，a_k 愈大，材料韧性愈好，抵抗冲击载荷作用的能力愈强。冲击实验可以测定材料在突加载荷时对缺口的敏感性。

（三）常用金属材料介绍

工业生产中常用的金属有钢（含碳量 2%以下）、铸铁（含碳量 2%以上，工业铸铁 2%～4%），铜及铜合金，铝及铝合金等。

1. 碳钢

(1) 碳钢的分类

按碳含量：可分为低碳钢（<0.25％C）、中碳钢（0.25％～0.55％C）、高碳钢（>0.55％C）。

按用途：可分为结构钢和工具钢两大类，前者用来制造各种金属构件和机械零件，后者用来制造各种刀具、模具和量具。

按质量等级：可分为普通碳素钢、优质碳素钢和高级优质碳素钢。

按碳钢冶炼方法：可分为Y—氧气转炉、J—碱性空气转炉、"无标注"—平炉钢。

按脱氧方式：可分为F—沸腾钢、B—半镇静钢、Z—镇静钢。

(2) 钢的牌号和应用

◆ 碳素结构钢

碳素结构钢分为普通碳素结构钢和优质碳素结构钢。普通碳素结构钢的牌号由Q＋一组数字表示。例如：Q235F，"Q"表示屈服点，"235"表示屈服点值为235 MPa，"F"表示脱氧方法（沸腾钢）。

普通碳素结构钢我们常用的是Q235，又称A3钢，Q235分为四个等级，A、B、C、D分别代表不同的冲击温度。Q235A不做冲击，Q235B级20 ℃常温冲击，Q235C级0 ℃冲击，Q235D级－20 ℃冲击。A、B、C、D的硫含量依次递减，A和B的磷含量相同，C、D的磷含量依次递减。Q235屈服强度235 MPa，抗拉强度375～460 MPa。

碳素结构钢$W(C)$为0.06％～0.38％，主要用来制造一般工程结构和普通机床零件，通常轧制成各种型材、板材和线材等。碳素结构钢产量大、成本低，具有一定的力学性能，一般在热轧状态下供应，适用于一般结构和工程用热轧钢板钢带型钢、棒材等，可供焊接、铆接和拴接构件之用，广泛应用于桥梁船舶、建筑工程中制作各种静负荷的金属构件，不需热处理的一般机械零件和普通焊接件。

◆ 优质碳素结构钢

优质碳素结构钢的牌号用两位数字表示，这两位数字表示钢中的平均碳的质量分数（万分数）。

例如：45钢表示平均$W(C)$为0.45％的优质碳素结构钢，若为沸腾钢，则在牌号后加"F"符号，如08F；若含锰量较高，则在数字后加"Mn"符号。优质碳素结构钢主要用来制造比较重要的机械零件，如轴、连杆弹簧等。45钢广泛应用于机械制造，强度较高，塑性和韧性尚好，用于制作承受载荷较大的小截面调质件和应力较小的大型正火零件，制造齿轮、齿条、轴、键、销等，其焊接性差。

例如：65Mn钢强度高、淬透性较大、耐磨，是一种弹簧钢。适宜制造较大尺寸的各种扁、圆弹簧和发条，以及常受摩擦的农机件，如犁、切刀等。

◆ 碳素工具钢

碳素工具钢的牌号用规定符号T（"碳"字的汉语拼音字首）和数字表示（数字表示含碳量的千分之几）。

例如：T10 A，"10"表示平均$W(C)$为1％，"A"表示高级优质，其用于制造不受冲击、高硬度、耐磨的工具，如锉刀、手锯条拉丝模等。

2. 铸铁

铸铁是指含碳量大于2.11％，并含有Si、Mn、P、S等元素的铁碳合金。工业上常用铸铁的含碳量在2.5％～4.0％之间。铸铁的力学性能较差，是一种脆性材料，铸铁的铸造性能优良，便于切削加工、生产工艺简单、价格低廉,具有耐压耐磨和减振等性能,在一定的介质中具有一定的耐腐蚀性能。

(1)根据铸铁中的碳在结晶过程中的析出状态以及凝固后断口颜色的不同,可分为白口铸铁、麻口铸铁、灰口铸铁三大类。

白口铸铁:碳除少量溶于铁素体外,其余全部以化合物状态的渗碳体析出,凝固后断口呈白亮的颜色;

麻口铸铁:碳既以化合状态的渗碳体析出,又以游离状态的石墨析出,凝固后断口夹杂着白亮渗碳体和暗灰色的石墨;

灰口铸铁:碳全部或大部分以游离状态的石墨析出,凝固后断口呈灰色。

(2)根据铸铁中石墨形态不同,铸铁分为灰铸铁、可锻铸铁、球墨铸铁和蠕墨铸铁。

◆ 灰铸铁

灰铸铁的含碳量较高(2.79%~4.0%),碳主要以片状石墨形态存在,断口呈灰色的一种铸铁。其熔点低(1 145~1 250 ℃),凝固时收缩量小,抗压强度和硬度接近于碳素钢,减震性好。

灰铸铁价格低廉,应用广泛。主要用于制造机床床身、气缸箱体等结构件。

灰铸铁牌号由 HT+一组数字(表示抗拉强度),常用的灰铸铁有 HT100、HT150、HT200、HT250、HT300、HT350 等。

◆ 可锻铸铁

可锻铸铁又称马铁或玛钢,碳主要以团絮状石墨形态存在,与灰铸铁相比具有较高的强度,并具有一定的塑性和韧性,可以部分代替碳钢使用,实际上不可锻造,主要用于制造轧形状复杂、承受冲击载荷的薄壁中小型零件。

可锻铸铁分为黑心可锻铸铁和白心可锻铸铁。黑心可锻铸铁具有一定的强度、一定的塑性和韧性;白心可锻铸铁具有较高的强度、硬度和耐磨性,塑性和韧性则较差。

可锻铸铁牌号用 KT+字母(表示可锻铸铁类别)+数字(表示最低抗拉强度)-数字(表示最低断后伸长率)。常用的可锻铸铁有 KTH300-06、KTH350-10、KTZ450-06、KTZ650-02。

◆ 球墨铸铁

在灰铸铁液中加入适量的球化剂和孕育剂,以促进碳呈球状石墨存在,这种碳以球状石墨存在的铸铁称为球墨铸铁。球墨铸铁具有高强度,其综合性能接近于钢,可用于铸造一些受力复杂,强度、韧性、耐磨性要求较高的零件,如曲轴、连杆减速器齿轮等。

球墨铸铁牌号用 QT+数字(表示最低抗拉强度)-数字(表示最低断后伸长率)。如:QT500-7 表示最低抗拉强度为 500 MPa,最低断后伸长率为 7%的球墨铸铁。常用的球墨铸铁有 QT450-10、QT500-7、QT600-3、QT700-2 和 QT800-2 等。

合金铸铁是指为了提高铸铁的物理性能、工艺性及某些特殊性能,向铸铁中加入一种或几种合金元素的铸铁。

3. 铜及铜合金

(1)纯铜

纯铜的表面被氧化后外观呈紫红色,又称紫铜。纯铜的导电性和导热性仅次于银,在大气、海水和某些非氧化性酸碱盐溶液及多种有机酸中有良好的耐腐蚀性,具有良好的焊接性和极好的塑性,抗拉强度较低,不宜做结构材料,铸造性能差。

纯铜属于面心晶格,其牌号分为 4 级:T1、T2、T3、T4,号数越大,纯度越低,T1 铜的含量为99.95%,T4 铜的含量约为 99.5%,纯铜主要用于制造电线、电缆、油管、电器开关等件。

纯铜按成分不同可分为普通纯铜、无氧纯铜、脱氧铜和添加少量合金元素的特种铜。

（2）铜合金

铜合金是在纯铜的基础上，加入一些合金元素构成的合金。白铜 Cu-Ni 合金，青铜 Cu-Sn 合金，黄铜 Cu-Zn 合金。

◆ 黄铜

黄铜是以锌（Zn）为主加元素的铜合金，具有美观的黄色，称为黄铜。黄铜按化学成分不同分为普通黄铜和特殊黄铜两类。普通黄铜是铜和锌的二元合金，具有较好的耐腐蚀性和良好的加工性能。黄铜的牌号用 H+2 个数字表示，数字代表 $W(Cu)$ 的××％；特殊黄铜加 Si 改善铸造性，加 Al 提高强度、硬度和耐蚀性，加 Pb 提高切削加工性，加 Sn 提高抗海水腐蚀性。

◆ 青铜

青铜指除黄铜和白铜以外的铜合金，按其化学成分不同可分为锡青铜和无锡青铜。锡青铜的铸造性能、减摩性能和力学性能均很好，适用于制造轴承、涡轮和齿轮等。

青铜的牌号用 Q+主加元素+平均含量（％）-数字表示，如：QSn4-3。青铜具有良好的弹性、耐磨性、抗磁性、耐蚀性，主要应用于化工机械、弹性元件。

◆ 白铜

白铜是以镍（Ni）为主加元素的铜合金，按其成分分为普通白铜和复杂白铜。普通白铜是指铜镍二元合金，复杂白铜加有锰、铁、锌、铝等元素的白铜，并相应称为锰白铜、铁白铜、锌白铜和铝白铜等。

工业用白铜分为结构白铜和电工白铜两大类。结构白铜的力学性能和耐腐蚀性好，色泽美观，广泛用于制造精密的机械、化工机械和船舶构件。电工白铜具有良好的热电性能，是制造精密电工仪器——变阻器、精密电阻、热电偶等常用的材料。

4. 铝及铝合金

（1）纯铝

在金属材料中，铝及其合金的产量仅次于钢铁，是有色金属材料之首。纯铝按其纯度分为高纯铝、工业高纯铝和工业纯铝三种。纯铝的牌号用"铝"字汉语拼音字首"L"和其后面的编号表示。高纯铝的纯度为 99.93％～99.996％，牌号有 L01、L02、L03、L04 四种，编号数字前面的零表示高纯铝，编号越大，纯度越高。高纯铝主要用于科研及电容器。

工业高纯铝的纯度为 99.9％～99.85％，牌号用 L01、L00 表示，主要用于制造铝箔、包铝及铝合金原料。工业纯铝是有一定杂质存在的铝，纯度为 99.00％～99.85％，其牌号有 L1、L2、L3、L4、L5 五种，编号越大，纯度越低。主要用于配制铝基合金和制造导线电缆等。工业纯铝中常存在少量杂质，主要是 Fe 和 Si，此外尚有 Cu、Zn、Mg、Mn。工业纯铝具有良好的导电性和导热性，密度小，低温性能好，塑性好，但其强度低，在大气、淡水中有优良的耐腐蚀性。

纯铝呈银白色，熔点 660 ℃，密度 2.72 g/cm³，导热、导电性好，抗大气腐蚀，塑性、韧性好，易加工成形，无铁磁性，强度较低，应用受限。

（2）铝合金

在纯铝中加入 Si、Cu、Mg、Mn 等合金元素即可制成铝合金，铝合金强度较高、密度小，有很高的比强度、导热性和耐腐蚀性。铝合金按成分及工艺不同分为变形铝合金和铸造铝合金。

◆ 变形铝合金

变形铝合金是指适于通过塑性变形加工的铝合金，又称可压力加工铝合金。其特点是强度高、塑性好、比强度高等。变形铝合金根据使用性能和工艺性能的不同可分为硬铝(YL)、超硬铝(CYL)、防锈铝(FL)、锻铝(DL)和特殊铝合金(TSL)五类。

◆　铸造铝合金

铸造铝合金是指适于熔融状态下充填铸型的铝合金。其特点是流动性好,具有良好的填充性、小的收缩性和低的热裂性,但塑性较差。

铸造铝合金的牌号用 ZL＋合金类别＋合金顺序号表示。

合金类别:1—Al-Si,2—Al-Cu,3—Al-Mg,4—Al-Zn。如 ZL101(表示 1 号 Al-Si 系铸造铝合金),ZL104,ZL202,ZL301,ZL401 等。

（四）钢的热处理

热处理是改善金属材料使用性能和工艺性能的一种非常重要的工艺方法,是强化金属材料、提高产品质量和使用寿命的主要途径之一。因此,绝大部分重要的机械零件在制造过程中都必须进行热处理。

钢的热处理是指将钢在固态下通过加热、保温和不同的冷却方法,改变其组织结构以满足使用性能的一种加工工艺。

1. 热处理的分类

金属热处理工艺大体可分为整体热处理、表面热处理和化学热处理三大类。

整体热处理:如退火、正火、淬火、回火等;

表面热处理:如火焰加热表面淬火和感应加热表面淬火;

化学热处理:如渗碳、渗氮、碳氮共渗等。

（1）退火

退火是将工件加热到适当温度,根据材料和工件尺寸采用不同的保温时间,然后进行缓慢冷却,目的是使金属内部组织达到或接近平衡状态,获得良好的工艺性能和使用性能,或者为进一步淬火做组织准备。

（2）正火

正火是将工件加热到适宜的温度后在空气中冷却,正火的效果同退火相似,只是得到的组织更细,常用于改善材料的切削性能,有时也用于对一些要求不高的零件作为最终热处理。

（3）淬火

淬火是将工件加热保温后,在水、油或其他无机盐、有机水溶液等淬冷介质中快速冷却。

（4）回火

淬火后钢件变硬,但同时变脆,为了降低钢件的脆性,将淬火后的钢件在高于室温而低于650 ℃的某一适当温度进行长时间的保温,再进行冷却,这种工艺称为回火。

退火、正火、淬火、回火是整体热处理中的"四把火",其中淬火与回火关系密切,常常配合使用,缺一不可。

（5）调质

随着加热温度和冷却方式的不同,"四把火"又演变出不同的热处理工艺。为了获得一定的强度和韧性,把淬火和高温回火结合起来的工艺,称为调质。

（6）时效

某些合金淬火形成过饱和固溶体后,将其置于室温或稍高的适当温度下保持较长时间,以提高合金的硬度、强度或电磁性等,这样的热处理工艺称为时效处理。

（7）形变热处理

把压力加工形变与热处理有效而紧密地结合起来进行，使工件获得很好的强度、韧性配合的方法称为形变热处理。

（8）表面热处理

表面热处理是指加热工件表层，以改变其表层力学性能的金属热处理工艺。为了只加热工件表层而不使过多的热量传入工件内部，使用的热源须具有高的能量密度，即在单位面积的工件上给予较大的热能，使工件表层或局部能短时或瞬时达到高温。表面热处理的主要方法有火焰淬火和感应加热热处理，常用的热源有氧乙炔或氧丙烷等火焰、感应电流、激光和电子束等。

（9）化学热处理

化学热处理是通过改变工件表层化学成分、组织和性能的金属热处理工艺。化学热处理与表面热处理不同之处是后者改变了工件表层的化学成分，化学热处理是将工件放在含碳、氮或其他合金元素的介质（气体、液体、固体）中加热，保温较长时间，从而使工件表层渗入碳氮、硼和铬等元素。渗入元素后，有时还要进行其他热处理工艺如淬火及回火。化学热处理的主要方法有渗碳、渗氮、渗金属。

2. 热处理的作用及目的

热处理的作用就是提高材料的机械性能、消除残余应力和改善金属的切削加工性能。按照热处理不同的目的，热处理工艺可分为预备热处理和最终热处理。

预备热处理的主要目的是改善加工性能、消除内应力和为最终热处理准备良好的金相组织，其热处理工艺有退火、正火、时效、调质等；最终热处理的目的是提高硬度、耐磨性和强度等力学性能，其热处理工艺有淬火、渗碳、渗氮等。整体热处理的目的见表 2-2。

表 2-2　整体热处理的目的

热处理类型	热处理目的
退火	降低硬度，提高钢的塑性和韧性，以便于随后的加工； 消除内应力，以减小变形和防止开裂
正火	低碳钢退火后硬度太低，切削加工性不好，正火后能提高其硬度，改善其加工性能
淬火	提高工件的硬度、强度和耐磨性，为后道热处理做好组织准备等
回火	主要是消除钢件在淬火时所产生的应力，使钢件具有高硬度和高耐磨性外，并具有所需要的塑性和韧性等

3. 铁碳合金的基本组织与性能

钢铁均是以铁和碳为基本组成元素的合金，故称铁碳合金。铁碳合金的基本组织有 5 种：铁素体、奥氏体、渗碳体、珠光体和莱氏体五种。

铁素体（F）：碳溶解在 α-Fe 中形成的间隙固溶体称为铁素体。它是五种基本组织中含碳量最低的组织，其室温性能接近于纯铁，即具有良好的塑性、韧性，较低的强度、硬度。含铁素体多的钢（比如低碳钢）表现的特点为软而韧。

奥氏体（A）：碳溶于 γ-Fe 中形成的间隙固溶体称为奥氏体。它的含碳量虽比铁素体高，其呈面心立方晶格，强度硬度虽不高，却具有良好的塑性，尤其是具有良好的锻压性能。

渗碳体（Fe_3C）：渗碳体是含碳量为 6.69% 的铁与碳的金属化合物，其化学式为 Fe_3C，它的熔点高、硬度高，塑性和韧性几乎为零，脆性极大。

珠光体(P):珠光体是铁素体与渗碳体的混合物,用符号 P 表示。由于珠光体是由硬的渗碳体和软的铁素体组成的混合物,因此其力学性能是两者的结合,强度较高,硬度适中,具有一定的塑性。

莱氏体(L_d):莱氏体是奥氏体和渗碳体的混合物。由于莱氏体的基体是渗碳体,所以它的性能接近于渗碳体,硬度很高,塑性很差。

以上五种组织中,铁素体、奥氏体、渗碳体都是单相组织,称为铁碳合金的基本相,珠光体和莱氏体是由基本相组成的多相组织。

4. 钢在热处理过程中的组织转变

(1) 钢在加热时的组织转变

钢热处理加热的目的是获得部分或全部奥氏体,组织向奥氏体转变的过程称为奥氏体化。钢在加热时的组织转变,主要包括奥氏体的形成和晶粒长大两个过程。影响奥氏体晶粒大小的主要因素有加热速度、加热温度、保温时间,其中加热温度对奥氏体晶粒大小的影响最为显著。

(2) 钢在冷却时的组织转变

冷却方式是决定热处理组织和性能的主要因素,热处理冷却方式分为等温冷却和连续冷却。等温转变产物有珠光体型、贝氏体型和马氏体型三种。

珠光体型:转变温度 $A_1 \sim 550$ ℃,获得片状珠光体型(F+P)组织。依转变温度由高到低,转变产物分别为珠光体(P)、索氏体(S)、屈氏体(T)。珠光体强度较高,硬度适中,具有较好的综合力学性能,索氏体综合力学性能优于珠光体,屈氏体的综合力学性能优于索氏体。

贝氏体型:转变温度范围为 550 ℃ $\sim M_S$,此温度下转变获贝氏体型组织,贝氏体型组织是由过饱和的铁素体和碳化物组成的,分上贝氏体和下贝氏体。上贝氏体组织强度低、塑性很差,基本没有使用价值;下贝氏体组织通常具有优良的综合力学性能,即强度和韧性都较高,应用广泛。

马氏体型:碳在 α-Fe 中的过饱和固溶体称为马氏体,用符号"M"表示。在 M_S 线以下过冷奥氏体发生的转变称为马氏体转变,是一种低温转变。马氏体的强度和硬度主要取决于马氏体中的含碳量。随着马氏体含碳量的提高,其强度与硬度也随之提高。低碳马氏体具有良好的强度及一定的韧性,高碳马氏体硬度高、脆性大。

(五) 焊接材料介绍

焊接材料是焊接时所消耗材料的通称,它包括焊条、焊丝、焊剂、气体等。手弧焊时焊接材料是焊条,埋弧焊及电渣焊的焊接材料是焊丝与焊剂,气体保护焊的焊接材料是焊丝与保护气体。

1. 焊条

焊条是指涂有药皮的供手工焊条电弧焊用的熔化电极,由焊芯和药皮组成。其分类方法较多,可分别按照用途、熔渣的碱度、焊条药皮的主要成分、焊条性能特征等不同方法进行分类。

(1) 按焊条的用途分类

① 结构钢焊条(J):主要用于焊接碳钢和低合金高强钢。

② 耐热钢焊条(R):用于焊接珠光体和马氏体耐热钢。

③ 不锈钢焊条(G 或 A):用于焊接奥氏体和马氏体不锈钢。

④ 堆焊焊条(D):用于获得耐磨、耐蚀性能的堆焊层。

⑤ 低温钢焊条(W):用于焊接在低温下工作的焊缝。

⑥ 铸铁焊条(Z)：用于焊补铸铁构件。

⑦ 镍及其合金焊条(Ni)：用于焊接镍及其合金。

⑧ 铜及其合金焊条(T)：用于焊接铜及其合金。

⑨ 铝及其合金焊条(L)：用于焊接铝及其合金。

⑩ 特殊用焊条(TS)：如水下焊接、切割用焊条。

（2）按焊接熔渣的碱度分类

① 酸性焊条(J422)：药皮中含有较多 SiO_2、FeO 等，这类焊条工艺性能好，焊缝成形美观，但焊缝的性能不高。焊接可用交直流电源。

② 碱性焊条(J507)：药皮中含有 CaO、CaF_2 等，焊缝的含氢量低，所以又称低氢焊条。碱性焊条的焊缝有较高的塑性和韧性，可用于焊接较重的焊接结构。

2. 焊丝

焊丝是焊接时作为填充金属或同时作为导电的金属丝，是埋弧焊、气体保护焊、气焊、电渣焊等焊接工艺中的主要焊接材料，其作用是填充金属，并作为熔化电极传导电流。

焊丝的分类方法很多，可分别按其适用的焊接方法、被焊材料、制造方法与焊丝的形状等不同角度对焊丝进行分类。

（1）按适用的焊接方法分类：分为埋弧焊焊丝、CO_2 焊焊丝、钨极氩弧焊焊丝、自保焊焊丝及电渣焊焊丝。

（2）按照焊丝的形状结构分类：分为实心焊丝、药芯焊丝及活性焊丝。

（3）按照适用的金属材料分类：分为低碳钢、低合金钢焊丝、硬质合金堆焊焊丝，以及铝焊丝、铜焊丝、铸铁焊丝等。

3. 焊剂

焊接时，能够熔化形成熔渣和气体，对熔化金属起保护和冶金处理作用的一种物质叫焊剂。主要用于埋弧自动焊或钎焊时的冶金和保护作用。焊剂的种类繁多，下面简单介绍。

（1）按制造方法分类

① 熔炼焊剂(HJ)：将矿物在电弧炉中熔炼，然后用水激冷粉碎烘干使用。主要优点是化学成分均匀，可以获得性能均匀的焊缝。

② 烧结焊剂(SJ)：将原材料粉碎，按一定比例和粘结剂一起混合，制成细粒状，然后在 $400 \sim 1\,000\ ℃$ 高温烘干。该类型焊剂经高温烧结后，焊剂的颗粒度显著提高，吸潮性大大降低，与熔炼焊剂相比，烧结焊剂的熔点较高，松装比较小，因而适用于大线能量焊接。

③ 粘结焊剂：将一定比例的各种粉末加入适量的粘结剂，混合搅拌，粒化后经低温($400\ ℃$)烧结成块，然后粉碎筛选而制成的一种焊剂。该类焊剂由于烧结温度低，具有吸潮倾向大、颗粒强度低等缺点。

（2）按化学成分分类

① SiO_2 含量：高硅、中硅、低硅。

② MnO 含量：高锰、中锰、低锰。

③ CaF_2 含量：高氟、中氟、低氟、无氟。

（3）按焊剂化学性质分类

① 氧化性焊剂：对焊缝有较强的氧化性，如高锰、高硅的 HJ431 焊剂。

② 弱氧化性：焊剂中含 SiO_2、MnO、FeO 等活性氧化物较少，对焊缝金属有弱氧化作用，焊缝的含氧量也较低，如低锰、高硅、中氟 HJ260 焊剂。

③ 惰性焊剂:基本不含 SiO_2、MnO、FeO 等氧化物,由 Al_2O_3、CaO、MgO、CaF_2 等组成,对焊缝没有氧化作用,用于焊接高合金钢,如不锈钢。

4. 气体

气体保护焊常用的保护气体有氩气(Ar)、氦气(He)、二氧化碳(CO_2)及混合气体($Ar+He$)。

(1) 氩气(Ar)　氩气是空气中除氮、氧之外含量最多的一种稀有气体,其体积分数约为 0.935%。氩气无色无味,在 0 ℃和 1 atm(101 325 Pa)下,密度是 1.78 g/L,约为空气的 1.25 倍。氩气的沸点为 -186 ℃,介于氧气(-183 ℃)和氮气(-196 ℃)的沸点之间。

氩气是一种惰性气体,焊接时既不与金属起化学反应,也不溶解于液态金属中,因此可以避免焊缝中金属元素的烧损和由此带来的其他焊接缺陷。氩气使焊接冶金反应变得简单并容易控制,为获得高质量的焊缝提供了有利条件。

氩气的热导率最小,又属于单原子气体,高温时不会因分解而吸收热量,所以在氩气中燃烧的电弧热量损失较小。氩气的密度较大,在保护时不易飘浮散失,保护效果良好。焊接金属很容易呈稳定的轴向射流过渡,飞溅极小。

氩气可在低于 -184 ℃下以液态形式储存和运输,但焊接时多使用钢瓶装的氩气,氩气钢瓶规定漆成银灰色,上写绿色("氩")字。目前我国常用氩气钢瓶的容积为 33 L、40 L、44 L,在 20 ℃以下,满瓶装氩气压力为 15 MPa。氩气钢瓶在使用中严禁敲击、碰撞;瓶阀冻结时,不得用火烘烤;不得用电磁超重搬运机搬运氩气钢瓶;夏季要防日光暴晒;瓶内气体不能用尽;氩气钢瓶一般应直立放置。按我国现行规定,焊接用氩气的纯度应达到 99.9%,具体技术要求按 GB/T4842—1995 和 GB/T10642—1995 的规定执行。

(2) 氦气(He)　氦气也是一种无色、无味的惰性气体,与氩气一样也不和其他元素组成化合物,不易溶于其他金属,是一种单原子气体,沸点为 -269 ℃。氦气的电离电位较高,焊接时引弧困难。与氩气相比它的热导率较大,在相同的焊接电流和电弧强度下电压高,电弧温度高,因此母材输入热量大,焊接速度快,弧柱细而集中,焊缝有较大的熔透率。这是利用氦气进行电弧焊的主要优点,但电弧相对稳定性稍差于氩弧焊。作为焊接用保护气体,一般要求氦气的纯度为 90.9%～99.9%,此外还与被焊母材的种类、成分、性能及对焊接接头的质量要求有关。一般情况下,焊接活泼金属时,为防止金属在焊接过程中被氧化、氮化,降低焊接接头质量,应选用高纯度氦气。

(3) 二氧化碳(CO_2)　CO_2 气体是氧化性保护气体,有固态、液态、气态三种状态。纯净的 CO_2 气体无色、无味。CO_2 气体在 0 ℃和 1 atm(101 325 Pa)下,密度是 1.976 8 g/L,是空气的 1.5 倍。CO_2 气体在高温时发生分解($CO_2 \rightarrow CO+O$,-283.24 kJ),由于分解出原子态氧,因而使电弧气氛具有很强的氧化性。CO_2 气体的分解程度与焊接过程中的电弧温度有关,随着温度的升高,CO_2 气体的分解反应越剧烈,当温度超过 5 000 K 时,CO_2 气体几乎全部发生分解。

液态 CO_2 是无色液体,其密度随温度变化而变化,当温度低于 -11 ℃时则比水密度大,高于 -11 ℃时则比水密度小,CO_2 由液态变为气态的沸点很低(-78 ℃),所以工业用 CO_2 一般都是液态的,常温下即可汽化。在 0 ℃和 1 atm 下,1 kg 液态 CO_2 可汽化成 CO_2 气体 509 L,焊接用的 CO_2 气体常为装入钢瓶的液态 CO_2,既经济又方便。CO_2 钢瓶规定漆成铝白色,上写黑色"二氧化碳"字样。

焊接常用气体的气瓶颜色标记见表 2-2。

表 2 - 2　常用气体的气瓶颜色

气体	气瓶颜色
CO_2	铝白色
O_2	天蓝色
N_2	黑色
Ar	银灰色
H_2	淡绿色

　　水是 CO_2 气体中最主要的有害杂质，焊接用的 CO_2 气体必须具有较高的纯度，焊接用液体 CO_2 的技术要求见表 2 - 3。

表 2 - 3　焊接用液体 CO_2 的技术要求

指标名称	Ⅰ类/%	Ⅱ类/%		
		一级	二级	三级
CO_2 含量	≥99.8	≥99.5	≥99.0	≥99.0
水分含量	≤0.005	≤0.05	≤0.1	—

　　焊接用 CO_2 的纯度（体积分数）应大于 99.5%，近年来有些国家要求纯度大于 99.8%。

（4）混合气体

　　混合气体一般也是根据焊接方法、被焊材料以及混合比对焊接工艺的影响等进行选用。如焊接低合金高强钢时，从减少氧化物夹杂和焊缝含氧量出发，希望采用纯 Ar 作保护气体，从稳定电弧和焊缝成形出发，希望 Ar 中加入氧化性气体。综合考虑，以采用弱氧化性气体为宜。对于惰性气体氩弧焊射流过渡推荐采用 Ar+（1%～2%）O_2 的混合气体，而对短路过渡的活性气体保护焊采用 20%CO_2+80%Ar 的混合气体应用效果最佳。从生产效率方面考虑，钨极氩弧焊时在 Ar 气中加入 He、N_2、H_2、CO_2 或 O_2 等气体可增加母材的热量输入，提高焊接速度。例如：焊接大厚度铝板，推荐选用 Ar+He 混合气体，焊接低碳钢或低合金钢时，在 CO_2 气体中加入一定量的 O_2，或者在 Ar 中加入一定量的 CO 或 O_2，可产生明显效果。此外，采用混合气体进行保护，还可增大熔深，消除未焊透、裂纹及气孔等缺陷。

第二节　熔化焊接与热切割作业安全用电

一、人体触电的方式与危害

（一）人体触电的方式

　　人体触电的方式多种多样，一般分为直接接触触电、间接接触触电以及跨步电压触电三种主要触电方式，此外还有高频电磁场、静电感应、雷击等对人体造成的伤害。

　　1. 直接接触触电

　　直接接触触电是指人员直接接触了带电体而造成的触电。这种类型的触电，触电者受到的电击电压为系统的工作电压,其危险性较大。除了误触电气设备的带电部分外,已停电的设备突然来电,也是造成直接触电的主要原因。尤其在停电检修时,由于作业人员心理准备不足,一旦停电的设备突然来电,就可能造成群伤事故。直接接触触电分为单相触电和双相触电。

（1）单相触电　如果人体直接接触到电气设备或电力线路中一相带电导体,或者与高压系统中一相带电导体的距离小于该电压的放电距离造成对人体放电,这时电流将通过人体流入大地,这种触电称为单相触电。

（2）双相触电　如果人体同时接触电气设备或线路中两相带电导体,或者在高压系统中,人体同时分别靠近两相导体而发生电弧放电,则电流将从一相导体通过导体流入另一相导体,这种触电称为两相触电。两相触电的后果更严重,因为这时作用于人体的电压是线电压。

直接接触触电的防护措施主要有:

① 采取远离（间距）防护;

② 采取屏护（障碍）防护;

③ 绝缘防护;

④ 采用安全特低电压;

⑤ 装漏电保护装置;

⑥ 电气联锁防护;

⑦ 限制能耗防护。

2. 间接接触触电

间接接触触电是由于电气设备内部的绝缘故障,而造成其外露可导电部分（金属外壳）可能带有危险电压（在设备正常情况下,其外露可导电部分是不会带有电压的）,当人员误接触设备的外露可导电部分时,便可能发生触电。

（1）常见的间接接触触电的形式

① 接触了带电的导体。这种触电往往是由于用电人员缺乏用电知识或在工作中不注意,不按有关规章和安全工作距离办事等,直接地触碰上了裸露外面的导电体,这种触电是最危险的。

② 由于某些原因,电气设备绝缘受到了破坏漏了电,而没有及时发现或疏忽大意,触碰了漏电的设备。

③ 由于外力的破坏等原因,如雷击、弹打等,使送电的导线断落地上,导线周围有大量的扩散电流向大地流入,出现高电压,人行走时跨入了有危险电压的范围内,造成跨步电压触电。

④ 高压送电线路处于自然环境中,由于风力等摩擦或因与其他带电导线并架等原因,受到感应,在导线上带了静电,工作时不注意或未采取相应措施,上杆作业时触碰带有静电的导线而触电。

（2）间接触电的防护措施

① 自动切断供电电源（接地故障保护）;

② 采用双重绝缘或加强绝缘的电气设备（即Ⅱ级电工产品）;

③ 将有触电危险的场所绝缘,构成不导电的环境;

④ 采用不接地的局部等电位连接保护,或采取等电位均压措施;

⑤ 采取安全特低电压;

⑥ 实行电气隔离。

3. 跨步电压触电

当电气设备或线路发生接地故障时,接地电流通过接地体将向大地四周流散,这时在地面上形成分布电位,要 20 m 以外,大地的电位才等于零。人假如在接地点周围(20 m 以内)行走,其两脚之间就有电位差,这就是跨步电压。图 2 - 2 中由跨步电压引起的人体触电,称为跨步电压触电。

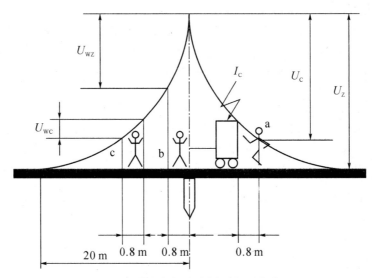

图 2 - 2 对地电压、接触电压和跨步电压

跨步电压的大小取决于人体离接地点的距离和人体两脚之间的距离。离接地点越近,跨步电压的数值就越大。高压设备室内不得接近故障点 4 m 以内,室外不得接近故障点 8 m 以内。进入上述范围,必须穿绝缘靴,接触设备的外壳和构架时应戴绝缘手套。雷雨天气,需要巡视室外高压设备时,应穿绝缘靴,并不得靠近避雷器和避雷针。这些都是为了防止跨步电压触电。

(二)电流对人体的危害

电流对人体的危害主要有三种形式,即电击、电伤和电磁场伤害。

1. 电击

电击是指电流流过人体内部对内部组织的伤害。它的效应有:

心室颤动——血液循环停止、神经中枢——遏止呼吸、胸肌收缩——窒息,最危险的伤害。

高压电击穿空气——人体通过电流、低压单相、两相触电、接触电压和跨步电压触电等情况;

2. 电伤

电伤是指触电时电流的热效应、化学效应以及电刺激引起的生物效应对人体造成的伤害。电伤多见于机体外部,而且往往在机体上留下难以愈合的伤痕。常见的电伤有:灼伤、电熔印和皮肤金属化。

(1)灼伤是指电流热效应产生的电伤,电弧对皮肤烧伤。

(2)电熔印是指电流化学效应和机械效应产生的电伤,直接接触、边缘有明显的肿块、皮肤硬化。

(3)皮肤金属化是指电弧下金属高温熔化、蒸发并飞溅渗透到皮肤表层造成的电伤,皮肤粗糙硬化。

3. 电磁场生理伤害

电磁场生理伤害是指在高频电磁场的作用下,使人呈现头晕、乏力、记忆力减退、失眠、多梦等神经系统的症状。

通常所说的触电事故,基本上是指电击而言,绝大部分触电死亡也是由电击所致。

一般认为,电流通过人体的心脏、肺部和中枢神经系统的危险性大,特别是电流通过心脏时,危险性最大。所以从手到脚的电流途径最为危险,因为沿这条途径有较多的电流通过心脏、肺部和脊髓等重要器官;其次是从一只手到另一只手的电流途径;再次是从一只脚到另一只脚的电流途径。第三种还容易因剧烈痉挛而摔倒,导致电流通过全身或摔伤、坠落等严重的二次事故。

通常电气设备都采用工频(50 Hz)交流电,这对人来说是最危险的频率。另外,人的身体健康状况不同,对电流的敏感程度也不完全相同,有心脏病、神经系统疾病和结核病的人,受电击伤害的程度都比较重。

二、焊接触电的机理

(一)安全电压值

安全电压是指不使人直接致死或致残的电压,我国规定的安全电压额定值的等级有42 V、36 V、24 V、12 V、6 V五个等级。一般环境条件下,允许持续接触的"安全特低电压"是36 V,行业规定安全电压为不高于36 V,持续接触安全电压为24 V,安全电流为10 mA。当电气设备采用的电压超过安全电压时,必须按规定采取防止直接接触带电体的保护措施。

电流越大,致命危险越大;持续时间越长,死亡的可能性越大。能引起人感觉到的最小电流值称为感知电流,交流为1 mA,直流为5 mA;人触电后能自己摆脱的最大电流称为摆脱电流,交流为10 mA,直流为50 mA;在较短的时间内危及生命的电流称为致命电流,如交流100 mA的电流通过人体1 s,足以使人致命,因此致命电流为交流50 mA。在有防止触电保护装置的情况下,人体允许通过的电流一般可按30 mA考虑。一般情况下,男性最小允许电流为9 mA,女性为6 mA。

(二)一次电源触电

交流电焊机一次电压一般为单相220 V或三相380 V,工频50 Hz。电压值大大超过安全电压值(交流50 V),频率是危险性最大的频段,触电危险性很大。

(三)输出焊接电压触电

根据国家标准,交流电焊机空载电压≤80 V,实际一般为70～90 V。显然,70～90 V的交流电焊机空载电压也大于安全电压的上限值(50 V),同样有触电的危险。此外,由于环境潮湿、人体皮肤潮湿、触电时间长等情况,70～90 V的电压造成人触电的危险将增大。

三、焊接触电事故的原因

(一)焊接时发生直接触电的原因

1. 手或身体某部在更换焊条、电机、焊接工件而接触焊钳、焊条、焊枪等带电部分,而脚或身体的其他部位对地面或金属结构之间的绝缘不好,尤其是在容器管道内、阴雨潮湿的地方或人体有大量汗水的情况下进行焊接,容易发生触电事故。

2. 手或身体某部碰到裸露而带电的接头线、接线柱、导线、极板及破皮或绝缘失效的电线电缆而触电。

3. 在靠近高压电网的地方进行焊接时而引起的触电事故。

（二）焊接时发生间接触电事故的原因

1. 电焊设备漏电,人体触及因漏电而带电的壳体而发生触电。电焊设备漏电的原因:

① 线圈因雨淋或受潮导致绝缘损坏而漏电。

② 设备由于超负荷使用或内部短路而发热或有腐蚀性物质作用,致使绝缘性能降低而漏电。

③ 电焊设备因受震动、撞击而使线圈或引线的绝缘造成机械性的损坏,同时破损的导线与铁芯或箱壳相连而漏电。

④ 由于工作场地管理混乱,致使小金属物(如铁丝、铁屑、螺栓、螺母、焊条头之类)落入设备内,一端碰到电线头,另一端碰到箱壳或铁芯而漏电。

2. 弧焊变压器的一次绕组与二次绕组之间绝缘破坏,错将变压器的输出端当输入端接到电网上,或者将输入电压为 220 V 的弧焊变压器错接到 380 V 的电网上,人体触及焊接回路裸导体而发生触电。误将相线接设备机壳,导致设备机壳带电而发生触电。

3. 触及绝缘破坏的电缆、开关等而发生触电。

4. 由于利用厂房的金属结构、管道、轨道、天车吊钩或其他金属物搭接作为焊接回路而发生触电。

四、熔化焊接与热切割作业的安全用电要求

在整个焊接操作过程中,焊工需要经常接触电气装置,如:在更换焊条时焊工的手会直接触及焊条,同时会长时间站在焊件上进行操作,而电焊机的空载电压一般都超过了安全电压,故触电的概率也就增多。更危险的是,焊接电源与 380/220 V 的电网连接,一旦设备发生故障,或高压部分的绝缘破坏,网路中的高压电就会直接输入到焊钳、焊件及焊机外壳上,造成焊工的触电伤害事故。所以,触电事故是焊接操作中最主要的危险事故。特别是在容器、管道、船舱、锅炉内和钢结构架上的操作,周围都是金属,触电危险更大。

（一）电焊设备的安全用电要求和检查

1. 焊接设备的空载电压既要满足焊接工艺的要求,同时又要保证焊工操作的安全。

2. 焊接设备的功率或容量能够满足在给定的焊接条件下正常进行焊接,并设单独的控制装置。控制装置应能可靠地切断设备的危险电流,以保证安全。焊接设备及附属装置安装空间应保证操作方便和安全。

3. 焊接设备各个带电部分对地、对外壳、相与相、线与线之间的绝缘电阻都不得小于 1 MΩ。

4. 焊接设备有外露带电部分必须有完好的隔离防护装置,如防护罩、绝缘隔离板等。

5. 焊接设备的结构合理、便于维修,各接头处和连接件应牢固可靠。

6. 正常状态下焊接设备不带电的金属外壳,必须采用保护接零或接地的防护措施。

（二）电焊工具的安全要求和检查

1. 焊接电缆

（1）在多丝紫铜软芯线外包胶皮绝缘层，其绝缘电阻不得小于 1 MΩ。

（2）电缆应轻便柔软，能任意弯曲和扭转，便于焊接操作。

（3）电缆应具有良好的抗机械损伤能力，有耐油、耐腐蚀等性能，以适应焊接工作环境的需要。

（4）电缆的长度和截面根据焊接工作条件按规定选择，避免超负荷使用。

（5）电缆最好使用整根的。如用短根接长使用时，其接头数目应不超过两个。接头处应用铜导体接牢且电阻要小，并将接头处用绝缘布包扎好。

（6）电缆与设备、焊钳、焊枪、工件的接触要良好。

（7）电缆应定期检查其绝缘性能，一般半年一次为宜。

2. 焊钳

（1）结构轻便、易于操作。

（2）绝缘性能和隔热性能要好。

（3）与电缆的连接须简便牢靠，不得外露导线，以防触电。

3. 个人防护用品

电焊工的个人防护用品包括：工作服、防护手套、绝缘胶鞋、绝缘垫板等。

（1）防护手套的长度不得短于 300 mm，应用较柔软的皮革或帆布制作。防护手套应保持完好和干燥。

（2）绝缘胶鞋应保持完好和干燥。

（3）面罩应尽量不用或少用金属材料，非用不可的金属件应保证在正常使用时不会接触到人体。

（4）工作服应保持完整干燥，布料应结实耐磨，而且耐火性能要好，不产生静电。

（5）在锅炉、容器、管道类工件内施焊时，应使用绝缘垫板，以防止触电。照明灯必须采用安全电压电源，一般不宜超过 12 V。

（三）预防触电的安全措施

1. 加强对焊工的电气安全技术教育，持证上岗。

2. 电焊设备与电力线路的连接、拆除以及电焊设备的电气维修必须由电工担任，焊工不得擅自处理。

3. 做好隔离防护。电焊设备应有良好的隔离防护装置，避免人体与带电体接触。伸出箱外的接线端应用防护罩盖好；有插销孔接头的设备，插销孔的导体应隐蔽在绝缘板平面内；设备的电源线长度越短越好，一般不超过 2~3 m，若临时紧迫需要较长电源线时，应在离地面2.5 m以上的墙壁上用瓷瓶隔离架设，不得将电源线拖在地面上；各设备之间，以及设备与墙壁之间至少要留 1 m 宽的通道；焊接设备和电源变压器之间的通道，宽度不能小于 1.5 m。

4. 保持良好绝缘。对焊接设备、电源线、焊接电缆及电焊工具等，要定期检查其绝缘性能（包括绝缘电阻、耐压强度、泄漏电流、介质损耗等）。

5. 装设自动断电装置。

6. 加强个人防护，使防护服、防护手套、绝缘胶鞋等符合安全使用要求。

7. 采取保护接地或接零措施。

（四）电焊机二次线触电原因及预防

电焊机二次线触电事故频发，原因在于二次线电压较低，人们对触电的原因认识不足，往往错误地认为电焊机二次线是"安全"的。电焊机空载电压一般在 $50\sim90$ V，而安全电压最高等级为 42 V，空载电压高于安全电压，这是二次线最主要的不安全因素；另外，一般电焊机电弧引燃后，要维持电弧所需的工作电压为 $16\sim35$ V，虽然在安全电压范围内，但在不良的焊接环境下，如在金属结构上、金属容器、管道内或水下、潮湿地点进行焊接，若焊工身体状况较差，人体电阻很低，也可能造成触电，安全电压并不是绝对安全的。

分析这些触电事故的原因，主要因为存在下列不安全因素：

1. 电焊机和焊接回路客观上存在着触电危险

（1）电焊机二次绕组绝缘损坏，二次接线柱绝缘不良，致使电焊机外壳带电，而电焊机未接地接零或接地接零、漏电保护器出现问题，电源无法断开，电焊机外壳长时间带电。

（2）二次输出端接线柱无防护罩、二次电缆线裸露、电焊钳绝缘不合格而出现漏电现象。

（3）由于利用厂房的金属结构、管道、轨道、天车吊钩或其他金属物搭接作为焊接回路等。

2. 焊接环境不良

（1）在金属容器、管道内、金属结构上或潮湿的地点、水下进行焊接作业。

（2）夏季气温较高，湿度较大，焊工长时间进行焊接作业，通风不良，人体大量出汗、疲劳、疾病或情绪不佳，都有可能导致人体电阻大大降低。

3. 焊工防护措施不到位

（1）焊工未按规定穿戴劳保用品，尤其是绝缘手套、绝缘鞋和防护面罩。

（2）绝缘用品因潮湿、破损等原因失效。

（3）在危险环境下，脚下无绝缘垫。

由于上述物质和环境危险因素的存在，在焊工产生失误或在正常操作的情况下其他人员触及不正常带电体会出现下列现象：人的手或身体接触漏电的电焊机外壳、二次线和焊钳等的漏电部分、焊条和焊钳的正常带电部分，而另一只手、脚或身体的某部位又与工件、金属导电体或潮湿的地点接触，就会形成电流回路，造成触电。

4. 电焊机一次线和二次线的接线柱端口都必须有良好的防护罩，防止人体意外触及带电体。如果防护罩是金属材料，必须防止防护罩和接线端口的接线柱、金属导线碰触或连接，以免防护罩带电。

5. 电焊机二次电缆线必须绝缘良好，不能有裸露现象。二次电缆线应按国家标准 GB/T 5013.3—2018 选用，其绝缘电阻不得小于 1 MΩ，并应具有良好的导电能力，线芯应用多股细铜线（直径在 $0.2\sim0.4$ mm），并且轻便、柔软、便于操作；其截面积应根据使用的焊接电流与电缆线的长度的不同来确定，以防在使用中因为过热而烧毁绝缘层；一般长度不超过 $20\sim30$ m；二次电缆线和电焊机连接可以用设备耦合器相连；二次电缆线接头处可以用焊接电缆耦合器进行连接，接头不能多于两个，接头处应绝缘良好。

6. 焊钳的质量必须符合安全要求，其绝缘电阻不得小于 1 MΩ；介电强度通过实验应达到绝缘部分能承受有效值为 1000 V 的交流实验电压而无闪络或击穿现象；焊钳的热额定值通过检测升温、耐热和耐焊接飞溅物达到规定要求；机械性能通过拉力试验和耐冲击试验符合规定要求；在使用过程中，禁止将热焊钳浸入水中冷却。

7. 电焊机的使用坚持"一机一闸一漏一箱"的原则,即每台电焊机必须配备一个独立的电源控制箱,控制箱内有容量符合要求的铁壳开关(或自动空气开关)和漏电保护器,当焊机超负荷时,应能自动切断电源;禁止多台焊机共用一个电源开关;电焊机和电源控制箱的金属外壳都必须接地(或接零),接地电阻 $R_d < 4\ \Omega$,其外壳上的接线螺钉规格不得小于 M8,接地线应是中间无接头的整根导线,截面应为相线截面的 1/3~1/2 且不应小于 2.5 mm²;漏电保护器必须选用符合 GB 6829—86《漏电电流动作保护器》的产品。这样,可以防止电焊机内部绝缘不良、一次线或二次线接线端口绝缘不良而使电焊机金属外壳带电导致人体触电的情况发生。

8. 安装电焊机空载自动断电装置。一般电焊电弧电压为 16~35 V(低于安全电压),也就是引弧后电源输出电压即二次线电压自动下降到工作电压才能稳定地继续施焊,此时,二次线电压安全程度是较高的,但是停焊时二次线电压即变为空载电压 50~90 V,比较危险,如果此刻能够切断电焊机电源,就可以从根本上消除二次线乃至一次线的隐患,电焊机空载自动断电装置就具有在设定时间内自动切断电焊机电源的功能。

9. 在不良的环境下施焊,使用"一垫一套"防止触电。在金属容器、管道、金属结构及潮湿地点进行焊接时,触电的危险性很大,除采取安装电焊机自动断电保护装置的措施外还可以采用加"一垫一套"的办法来预防触电,即在焊工脚下加绝缘垫,停止焊接时,取下焊条,在焊钳上套上"绝缘套"。

10. 严禁使用厂房构件、金属结构、轨道、管道或其他金属物搭接代替焊接电缆使用。使用这些金属物作为焊接电缆,很容易引起触电,同时会因接触不好,产生火花,引起火灾。

11. 由电工进行电焊设备的安装、维修和检查。工作中如设备出现故障,应立即切断电源,找专职有证电工检修,焊工不得擅自处理。

12. 电焊机使用过程中不允许超载。若超载运行会因过热而烧毁电焊机,造成危险;如果绝缘烧坏,可能引起漏电而发生触电事故。电焊机发热多少与电流大小和通电时间有关。所以过载指两个方面:一方面是指焊接电流超过了额定电流值,另一方面是指使用的时间超过了额定暂载率。

13. 工作结束时,要立即切断电源,盘好电缆线,清扫场地,经确认无隐患后,方可离开。

14. 触电急救。对触电者进行急救,要点是救治及时和采取正确的救护方法,而最为关键的是"快"。

第三节　熔化焊接与热切割作业防火防爆

金属焊接与切割作业时,要使用高温、明火,且经常与可燃易爆物质及压力容器接触。因此,在焊接操作中存在着发生火灾和爆炸的危险性。

一、燃烧和爆炸的基本知识

(一)燃烧的基础知识

1. 燃烧的定义

燃烧是可燃物质(气体、液体或固体)与助燃物(氧或氧化剂)发生的伴有放热和发光的一种激烈的化学反应。它具有发光、发热、生成新物质三个特征。最常见、最普通的燃烧现象是可燃物在空气或氧气中燃烧。

2. 燃烧的必要条件

燃烧必须同时具备以下三个条件：可燃性物质、助燃性物质、着火源。每一个条件要有一定的量，相互作用，燃烧方可产生。

根据燃烧三要素，取消或破坏可燃物质、助燃物质、着火源三个条件中一个以上的条件，即可避免燃烧的产生。扑灭火时，可采取冷却、隔离或窒息的方法取消已产生的上述条件，而终止燃烧。

可燃物质在明火作用下，能够着火且移走明火维持燃烧继续进行的最低温度称为燃点。可燃物质受热升温而无须明火作用，即能自行燃烧的最低温度称为自燃点。

可燃液体的蒸气和空气混合后与明火接触时发生燃烧的最低温度称为闪点。闪点越低，发生火灾爆炸的危险性越大。

着火是指可燃物受到外界火源的直接作用而开始的持续燃烧现象。例如，用火柴点燃稻草，就会引起着火。可燃物质开始着火所需要的最低温度，叫作燃点，又称着火点。

3. 常见的火源种类

在生产中，常见的引起火灾爆炸的点火源有以下 8 种：明火，高热物及高温表面，电火花，静电、雷电，摩擦与撞击，易燃物自行发热，绝热压缩，化学反应热，以及光线和射线。

4. 燃烧的分类

根据可燃物状态的不同，燃烧分为气体燃烧、液体燃烧和固体燃烧三种形式。根据燃烧方式的不同，燃烧分为扩散燃烧、预混燃烧、蒸发燃烧、分解燃烧和表面燃烧。根据燃烧发生瞬间的特点，燃烧分为闪燃、着火和自燃三种形式。

(二) 爆炸的基础知识

1. 爆炸的定义

爆炸是物质由于状态变化，在瞬间释放出大量气体和大量能量，使周围气压猛烈增高并产生巨大声音的现象。

2. 爆炸的分类

按爆炸能量的来源分类，爆炸可分为物理爆炸和化学爆炸两类。

物理爆炸是由于物理变化引起的。如蒸汽锅炉的爆炸，其破坏程度取决于锅炉蒸汽压力，物理爆炸前后，爆炸物质的性质及化学成分前后不发生变化；化学性爆炸是由于物质在极短的时间内完成的化学变化，形成其他物质，同时放出大量能量和气体的现象，发生化学爆炸的物质，按其特性可分为两类：一类是炸药，另一类是可燃物质与空气形成爆炸性混合物。可燃气体、蒸汽及粉尘的爆炸性混合物都属于后一类。

我们通常所说的爆炸，一般是指化学爆炸。化学性爆炸是在以下三个条件同时存在时，才能发生：① 存在可燃易爆物；② 可燃易爆物和空气混合并达到爆炸极限；③ 爆炸性混合物遭遇火源作用。防止化学性爆炸，就是制止上述三个条件同时存在。

3. 爆炸极限

可燃性气体或蒸气与空气混合后能够发生爆炸的浓度范围称为爆炸极限，最低浓度称为爆炸下限，最高浓度称为爆炸上限。可燃性物质的爆炸下限越低、爆炸极限范围越宽，爆炸的危险性亦越大。爆炸极限通常用可燃气体在空气中的体积百分比($V\%$)表示。对可燃粉尘，我们通常用单位体积内可燃粉尘的质量——"g/cm^3"来表示其爆炸上、下限值。

二、熔化焊接与热切割作业发生火灾、爆炸事故的原因及预防措施

(一) 发生火灾、爆炸的原因

1. 焊接切割作业时,尤其是气体切割时,由于使用压缩空气或氧气流的喷射,使火星、熔珠和铁渣四处飞溅(较大的熔珠和铁渣能飞溅到距操作点 5 m 以外的地方),当作业环境中存在易燃、易爆物品或气体时,就可能会发生火灾和爆炸事故。

2. 在高空焊接切割作业时,对火星所及的范围内的易燃易爆物品未清理干净,作业人员在工作过程中乱扔焊条头,作业结束后未认真检查是否留有火种。

3. 气焊、气割的工作过程中未按规定的要求放置乙炔发生器,工作前未按要求检查焊(割)炬、橡胶管路和乙炔发生器的安全装置。

4. 气瓶存在制定方面的不足,气瓶的保管、充灌、运输、使用等方面存在不足,违反安全操作规程等。

5. 乙炔、氧气等管道的制定、安装有缺陷,使用中未及时发现和整改其不足。

6. 在焊补燃料容器和管道时,未按要求采取相应措施。在实施置换焊补时,置换不彻底,在实施带压不置换焊补时压力不够致使外部明火导入等。

(二) 预防措施

燃烧和化学性爆炸的实质主要是氧化反应,两者关系是很密切的。由于发生火灾后引起爆炸,或者由于发生爆炸引起火灾。因此,焊接防火防爆措施要引起高度重视。

1. 作业现场要加强安全检查。焊工进入工作现场后,必须检查操作现场和作业点下方 10 m 以内不得存有易燃易爆物和杂物,应注意作业环境的地沟、下水道内有无可燃液体和可燃气体,以及是否有可能泄漏到地沟和下水道内的可燃易爆物质,以免由于焊渣、金属火星引起灾害事故。必须将焊接点周围 10 m 以内的易燃易爆物排除或采取可靠的隔离措施后,方可进行操作。

2. 焊接现场必须配备足够数量的灭火器材。

3. 应使用符合国家有关标准、规程要求的气瓶,在气瓶的贮存、运输、使用等环节应严格遵守安全操作规程。焊接操作使用的电器设备不得有漏电现象,气瓶及气焊设备不得有漏气现象。若发现有漏电、漏气、产生火花、闻到焦煳味等非正常现象,应立即停止操作,关掉电源、气源,进行检查,排除隐患。

4. 应正确使用工器具,电焊机电源线、闸盒要绝缘可靠,焊机外壳要有可靠的保护接地(零),一次导线、二次电缆要有足够的截面,严禁超过安全电流负荷量,闸盒要安装符合标准要求的保险装置,严禁用钢丝或铁丝代替保险丝。

5. 使用气瓶时,要严格遵守《气瓶安全监察规程》。气瓶不得安放在可能产生火星的电源线下方或热力管线上方;气瓶也不得安放在电焊操作的工作平台上,以防气瓶带电。氧气瓶与乙炔气瓶间隔距离不得小于 5 m,距离明火不得小于 10 m,且不得在烈日下曝晒。冬天使用气瓶时,发生冻结现象时,严禁使用明火烘烤或用金属敲击瓶阀。乙炔瓶使用时必须直立放置,不准横躺卧放,以防丙酮流出引起燃烧爆炸。氧气瓶和乙炔瓶不得同车运输、一起存放等。

6. 禁止对未经清洗置换处理的化工容器进行焊接。焊补燃料容器和管道时,应结合实际情况确定焊补方法。实施置换法时,置换应彻底,工作中应严格控制可燃物质的含量。实施带压

不置换法时,应按要求保持一定的电压。工作中应严格控制其含氧量。要加强检测,注意监护,要有安全组织措施。

7. 在禁火区操作,要实行严格的三级审批制,办理动火证,并制定严格的动火制度和工艺规范。周围要划定界限,并有"动火区"字样的明显标志。

8. 在容器罐及狭小舱室操作时,要进行空气分析,检查易燃易爆气体和氧的含量,合格后才可开始动火工作;要进行自然通风,必要时还应采取机械通风,稀释可燃气体,防止与空气聚集形成爆炸性混合气体;不得焊割密闭容器。

9. 高空焊接切割时,禁止乱扔焊条头,为防止火花落下或飞散引起燃烧爆炸事故,对焊接切割作业下方应进行隔离,可用钢板、石棉板等非可燃材料做挡火板,防止火花飞溅。作业完毕应做到认真细致的检查,确认无火灾隐患后方可离开现场。

10. 工作结束后,要切记拉闸断电,并认真检查,防止隐藏火种,酿成火灾。确定无隐患,方可离开。

三、熔化焊接与热切割作业动火管理

火灾和爆炸是焊接过程中容易发生的事故,动火管理是为防止火灾和爆炸事故发生,确保人民生命和国家财产安全而制定的规章制度,使防火安全管理工作落到实处。

(一)建立各项管理人员防火岗位责任制

本着谁主管、谁负责的管理原则。

(二)划定禁火区域

在禁火区内,需动明火,必须办理动火申请手续,采取有效防范措施,经过审核批准,才可动火。

(三)建立禁火管理区内动火审批制度,在禁火区内动火一般实行三级审批制

1. 一级动火审批
一级动火,包括禁火区内以及大型油罐、油箱、油槽车和可燃液体及相连接的辅助设备、受压容器、密封器、地下室,以及与大量可燃易燃物品相邻的场所。
由厂长和总工程师及主管防火工作的保卫科长签字,方能执行动火。
2. 二级动火的审批
二级动火是具有一定危险因素的非动火区域,或小型油箱、油桶、小型容器以及高处焊割作业等。
二级动火要求由执行焊割的部门填写动火申请表,经单位负责防火部门现场检查,确认符合动火条件并签字后,交动火人执行动火作业。
3. 三级动火审批
凡属于非固定动火区域,没有明显危险因素的场所,必须进行临时焊割时,都属于三级动火。
申请动火部门主管人员填写动火申请表,由部门领导签字批准,并向单位主管防火工作的保卫部门登记即可。
4. 申请动火的车间或部门在申请动火前,必须负责组织和落实对要动火的设备、管线、场地、仓库及周围环境,采取必要的安全措施,才能提出申请。

5. 动火前必须详细核对动火批准范围,在动火时动火执行人必须严格遵守安全操作规程,检查动火工具,确保其符合安全要求。

6. 企业领导批准的动火,要由安全、消防部门派现场监护人。

7. 一般检修动火,动火时间一次都不得超过一天,特殊情况可适当延长,隔日动火的,申请部门一定要复查。

8. 动火安全措施,应由申请动火的车间或部门负责完成,如需施工部门解决,施工部门有责任配合。

9. 动火地点如对临近车间、其他部门有影响的应由申请动火车间或部门负责人与这些车间或部门联系,做好相应的配合工作,确保安全。关系大的应在动火证上会签意见。

四、火灾、爆炸事故的紧急处理方法及灭火方法

（一）火灾与爆炸的紧急处理

1. 应判明火灾、爆炸的部位和引起火灾和爆炸的物质特性,迅速拨打火警电话"119"报警。

2. 在消防人员未到达前,现场人员应根据起火或爆炸物质特性,采取有效的方法控制事故的蔓延。

3. 在事故紧急处理时必须有专门负责人统一指挥,防止造成混乱。

4. 灭火时,应采取防中毒、倒塌、坠落伤人等措施。

5. 为了便于查明起火原因,灭火过程中要尽可能地注意观察起火部位、蔓延方向等,灭火后应保护好现场。

6. 当气体导管漏气着火时,首先应将焊割炬的火焰熄灭,并立即关闭阀门,切断可燃气体源,用灭火器、湿布、石棉布等扑灭燃烧气体。

7. 乙炔气瓶口着火时,设法立即关闭瓶阀,气体流出停止火会自行熄灭。

8. 当电石桶和乙炔发生器内电石发生燃烧时,应停止供水或与水脱离,再用干粉灭火器等灭火,禁止用水灭火。

9. 乙炔气着火可用二氧化碳、干粉灭火器扑灭。

10. 一般可燃物着火,可用酸碱灭火器或清水灭火。油类着火用泡沫、二氧化碳或干粉灭火器扑灭。

11. 电焊机着火首先应拉闸断电,然后再灭火。未断电前不能用水或泡沫灭火器灭火。

12. 氧气瓶阀门着火,只要操作者将阀门关闭,断绝氧气火会自行熄灭。

13. 发生火警或爆炸事故,必须立即向当地公安消防部门报警,根据"四不放过"的要求,认真查清事故原因,严肃处理事故责任者。

（二）常用的灭火方法

常用的灭火物质有水、化学液体泡沫、固体粉末、惰性气体等。一旦发生火灾,应立即报警,同时采取相应的灭火措施扑灭初期火灾,灭火时,要合理选用灭火器材。

1. 当电石桶、电石库房着火时,只能用干砂、干粉、二氧化碳灭火器,不能使用水或含有水分的泡沫灭火器,也不能使用四氯化碳灭火器。

2. 当电焊机着火时,首先要拉闸断电,然后扑救,在未断电之前,不能用水或泡沫灭火器,可用干粉、二氧化碳或"1211"灭火器。

3. 乙炔瓶着火时,应立即关闭瓶阀,可用二氧化碳、干粉灭火器,不能使用四氯化碳灭火器,乙炔瓶内的丙酮流出着火时,可用泡沫、干粉或二氧化碳灭火器。

4. 氧气瓶着火时,应迅速关闭氧气瓶阀,停止供氧,使火自行熄灭。如邻近建筑物或可燃物失火,应尽快将氧气瓶搬走,放到安全地点,防止受火焰高热影响而爆炸。

5. 当油类物质着火时,可用泡沫灭火器,要沿容器壁喷射,让泡沫逐渐覆盖油面,使火熄灭,不要直接对着油面,以防油质溅出。也可用干粉、二氧化碳或"1211"灭火器灭火。

第四节　熔化焊接与热切割作业酸、碱、危险化学品的安全使用

一、酸

在工业生产当中,常用的酸有盐酸、硫酸和硝酸。

(一)盐酸

盐酸是氯化氢(HCl)的水溶液,属于一元无机强酸,工业用途广泛。盐酸的性状为无色透明的液体,有强烈的刺鼻气味,具有较高的腐蚀性。浓盐酸(质量分数约为 37%)具有极强的挥发性,在空气中生成白雾。

(二)硫酸

硫酸(H_2SO_4)是一种最活泼的二元无机强酸,纯硫酸(无水硫酸)一般为无色油状液体,密度为 1.84 g/cm^3,沸点为 337 ℃,能与水以任意比例互溶,同时放出大量的热,使水沸腾,具有强烈的腐蚀性和氧化性。硫酸能和许多金属发生反应,通常使用的是它的各种不同浓度的水溶液。

浓硫酸有强烈的吸水性,可用作脱水剂(干燥剂),碳化木材、纸张、棉麻织物及生物皮肉等含碳水化合物的物质;也是一种重要的工业原料,可用于制造肥料、药物、炸药、颜料、洗涤剂、蓄电池等,也广泛应用于净化石油、金属冶炼以及染料等工业中;常用作化学试剂,在有机合成中可用作脱水剂和磺化剂。

(三)硝酸

硝酸(HNO_3)是一种具有强氧化性、腐蚀性的强酸。熔点为 −42 ℃,沸点为 78 ℃,易溶于水,常温下纯硝酸为无色透明液体,有窒息性刺激气味。浓硝酸含量为 68% 左右,淡黄色液体(溶有二氧化氮),易挥发,在空气中产生白雾,是硝酸蒸气与水蒸气结合而形成的硝酸小液滴。硝酸不稳定,遇光或热会分解而放出二氧化氮而变成棕色,从而使外观带有浅黄色,应在棕色瓶中于阴暗处避光保存,严禁与还原剂接触。一般我们认为硝酸溶液浓稀之间的界线是 6 mol/L,工业级浓硝酸浓度则为 98%,通常发烟硝酸浓度约为 98%。浓硝酸是强氧化剂,遇有机物、木屑等能引起燃烧。含有少量氧化物的浓硝酸几乎能与除铝和含铬特殊钢之外的所有金属发生反应。

与硝酸蒸气接触有很大危险性。健康危害有:吸入硝酸气雾对呼吸道产生刺激作用,可引起急性肺水肿。口服硝酸会引起腹部剧痛,严重者可有胃穿孔、腹膜炎、喉痉挛、肾损伤、休克以

及窒息。眼和皮肤接触硝酸会引起灼伤。长期接触可引起牙齿酸蚀症。

急救处理：

皮肤接触——立即脱去污染的衣物，用大量流动清水冲洗 20～30 分钟。如有不适感，应就医。

眼睛接触——立即提起眼睑，用大量流动清水或生理盐水彻底冲洗 10～15 分钟。如有不适感，应就医。

吸入——迅速脱离现场至空气新鲜处。保持呼吸道通畅。如呼吸困难，给输氧。呼吸心跳停止，立即进行心肺复苏术，并就医。

食入——用水漱口，给饮牛奶或蛋清，并就医。

二、碱

工业中常用的碱有氢氧化钠和氢氧化钙。

（一）氢氧化钠

氢氧化钠（NaOH），俗称烧碱、火碱、苛性钠，为一种具有强腐蚀性的强碱，一般为片状或颗粒形态，易溶于水（溶于水时放热）并形成碱性溶液，固态的氢氧化钠有潮解性，易吸取空气中的水蒸气（潮解，作干燥剂）和二氧化碳（变质）。但液态氢氧化钠没有吸湿性。

纯的氢氧化钠是无色透明的晶体，氢氧化钠在水处理中可作为碱性清洗剂，溶于乙醇和甘油，不溶于丙醇、乙醚。在高温下对碳钢也有腐蚀作用。

（二）氢氧化钙

氢氧化钙[$Ca(OH)_2$]是一种白色粉末状固体，俗称熟石灰、消石灰，水溶液称作澄清石灰水。氢氧化钙具有碱的通性，是一种二元强碱，仅能微溶于水，氢氧化钙溶解度随温度升高而降低，随温度降低而升高。在工业中用于制漂白粉、硬水软化剂、改良土壤酸性、自来水消毒澄清剂及建筑工业等。

氢氧化钙的粉尘或悬浮液滴对黏膜有刺激作用，能引起喷嚏和咳嗽，和碱一样能使脂肪皂化，从皮肤吸收水分、溶解蛋白质、刺激及腐蚀组织。吸入石灰粉尘可能引起肺炎。吸入粉尘时，可吸入水蒸气、可待因及犹奥宁，在胸廓处涂芥末膏；当落入眼内时，可用流水尽快冲洗，再用 5％氯化铵溶液或 0.01％ CaNa-EDTA 溶液冲洗，然后将 0.5％丁卡因溶液滴入。工作时应注意保护呼吸器官，穿戴用防尘纤维制的工作服、手套、密闭防尘眼镜，并涂含油脂的软膏，以防止吸入粉尘。

氢氧化钙应贮存在干燥的库房中，严防潮湿。避免与酸类物质共贮混运。运输时要防雨淋。失火时，可用水、砂土或一般灭火器扑救。

三、危险化学品

（一）分类

目前世界上有 500 万～800 万种化学物质，有相当多属于危险化学品，比如与日常生活息息相关的油漆、汽油、火柴、液化石油气等都属于危险化学品。在生产过程中，如果操作不当，有可能造成灾难事故，或对人体产生危害。

危险化学品通常分为八类：

1. 爆炸品；

2. 压缩气体和液化气体；

3. 易燃液体；

4. 易燃固体、自燃物品、遇湿易燃品；

5. 氧化剂和有机氧化物；

6. 有毒品；

7. 放射性物品；

8. 腐蚀品。

（二）危害

危险化学品具有爆炸、燃烧、毒害、腐蚀、放射性等。每一类危险化学品具有各种危险特性，比如油漆属于易燃液体，容易发生燃烧、爆炸，氰化钠属于剧毒品，容易发生中毒，因此，在使用危险化学品时要十分小心。

1. 化学品活性与危险性　许多具有爆炸特性的物质其活性都很强，活性越强的物质其危险性就越大。

2. 危险化学品的燃烧性　压缩气体和液化气体、易燃液体、易燃固体、自燃物品和遇湿易燃物品、氧化剂和有机过氧化物等均可能发生燃烧而导致火灾事故。

3. 危险化学品的爆炸危险　除了爆炸品之外，可燃性气体、压缩气体和液化气体、易燃液体、易燃固体、自燃物品、遇湿易燃物品、氧化剂和有机过氧化物等都有可能引发爆炸。

4. 危险化学品的毒性　许多危险化学品可通过一种或多种途径进入人的机体，当其在人体达到一定量时，便会引起机体损伤，破坏正常的生理功能，引起中毒。

5. 腐蚀性　强酸、强碱等物质接触人的皮肤、眼睛或肺部、食道等时，会引起表皮组织发生破坏作用而造成灼伤。内部器官被灼伤后可引起炎症，甚至会造成死亡。

6. 放射性　放射性危险化学品可阻碍和伤害人体细胞活动机能并导致细胞死亡。

（三）安全标签

危险化学品包装上均贴有相应的安全标签，用来表示化学品的危险性和安全注意事项，警示作业人员进行安全操作和使用，由于生产销售单位提供，附在化学品包装上，内容包括物质名称、编号、危险性标志、警示词、危险性概述、安全措施、灭火方法、生产厂家地址、电话、应急咨询电话等内容，不要随便撕毁，要通过查看安全标签来了解危险化学品的主要性能。

第五节　熔化焊接与热切割作业劳动卫生与防护

一、熔化焊接与热切割作业中有害因素的来源及危害

金属材料在焊接过程中的有害因素分化学有害因素和物理有害因素两大类。前者主要是焊接烟尘和有害气体，后者有电弧辐射、高频电磁场、放射线和噪声等，受害面最广的是焊接烟尘和有害气体。焊接烟尘和有害气体的产生及其成分与所用的焊接方法、焊接材料和保护气体

密切相关,而其强烈程度受焊接规范的影响。

（一）焊接烟尘

焊接烟尘指在生产过程中形成的并能够长时间浮游于空气中的由于焊接产生的固体微粒。它是污染作业环境、损害劳动者健康的重要的职业病危害因素,可引起包括尘肺在内的多种职业性肺部疾病。

1. 焊接烟尘的形成

电焊烟尘首先来源于焊接过程金属的蒸发,这是因为焊接电弧的温度在3 000 ℃以上,而弧中心温度高于6 000 ℃,如此高的温度必然引起金属元素的蒸发和氧化;此外,是在电弧高温作用下分解的氧气与弧区内的液体金属发生氧化反应而产生的金属氧化物。它们除了可能留在焊缝里造成夹渣等缺陷外,还会向作业现场扩散。其主要是氧化铁、氧化锰、氟化物及二氧化硅等组成的混合性粉尘。

2. 焊接烟尘的危害

焊接烟尘对人体的危害受粉尘吸入量以及个体差异的影响。一般只有几微米以下的细小粉尘能进入肺泡导致慢性肺脏疾病。粉尘进入肺泡后,肺泡内的巨噬细胞视粉尘为异物将其吞噬,导致一系列复杂的机体反应,促使肺组织纤维化,使受影响的肺泡逐渐失去换气功能而"死亡",当有大量肺泡失去换气功能时,最终导致尘肺病,患者感觉胸闷、呼吸困难。长时间发展可产生许多并发症,如:肺气肿、感染、肺结核等,病人最终因呼吸困难合并并发症而死亡。

劳动者一般在接触粉尘5～10年才发病,有的可长达15～20年。接触高浓度、高游离二氧化硅的粉尘,也有1～2年发病的。尘肺病对本人、家庭及社会危害极大,需及时、彻底预防。

（二）有毒气体

1. 来源

在焊接电弧所产生的高温和强紫外线作用下,焊接电弧周围会产生大量的有毒气体,如臭氧、一氧化碳、氮氧化物、氟化氢等。

2. 危害

（1）臭氧　是一种无色、有特殊刺激性气味的有害气体。它对呼吸道黏膜及肺有强烈的刺激作用。手工电弧焊产生的臭氧一般低于国家的卫生标准,但通风条件不好的条件下进行氩弧焊时,浓度相当高,长期吸入低浓度臭氧,可引发支气管炎、肺气肿、肺硬化等疾病。

（2）一氧化碳　是无色、无味、无刺激性气体,主要来源于二氧化碳气体在电弧高温作用下分解产生的。所以,二氧化碳气体保护焊作业时,一氧化碳浓度最高。它极易与人体中的血红蛋白相结合,而且极难分离,大量血红蛋白与一氧化碳结合,会使人体输送和利用氧的功能发生障碍,造成人体组织因缺氧而坏死。

（3）氮氧化物有刺激性气味的有毒气体,主要是二氧化氮,它为红褐色气体,有特殊臭味。当被人吸入后,会进入肺中与水起作用,形成硝酸及亚硝酸,对肺组织产生剧烈的刺激与腐蚀作用,引起肺水肿。

（4）氟化气是无色的腐蚀性气体,毒性剧烈。可由呼吸系统和皮肤吸收,可引起支气管炎和肺炎,同时能对全身产生毒性作用。

（三）弧光辐射

焊接产生的电弧光主要包括红外线、可见光和紫外线。其中紫外线主要损伤眼睛及裸露的皮肤，引起角膜结膜炎（电光性眼炎）和皮肤红斑症。眼部长期接触红外线照射，会造成红外线白内障。

（四）放射性物质

氩弧焊和等离子弧焊接、切割使用的钍钨棒电极中的钍是天然放射性物质，能放出 α、β、γ 三种射线。放射性物质以两种形式作用于人体：一是体外照射，二是焊接操作时，含有钍及其衰变产物的烟尘通过呼吸系统和消化系统进入人体，很难被排出体外，形成内照射。内照射危害较大。人体长期受到超过容许剂量的照射，或者放射性物质经常少量进入并积蓄在体内，可引起病变，造成中枢神经系统、造血器官和消化系统的疾病，严重的可能发生放射病。

（五）焊接噪声

等离子弧焊接和切割过程中，由于等离子流以高速喷射，发生摩擦，产生噪声。噪声强度超过卫生标准时，对人体有危害。人体对噪声最敏感的是听觉器官。无防护情况下，强烈的噪声可引起听觉障碍、噪声性外伤、耳聋等症状。长期接触噪声，还会引起中枢神经系统和血液系统失调，出现厌倦、烦躁、血压升高、心跳过速等症状。

（六）高频电磁场

焊工长期接触高频电磁场，能引起自主神经紊乱和神经衰弱，表现为全身不适、头昏头痛、疲乏、食欲不振、失眠及血压偏低等症状。据测定，手工钨极氩弧焊时，焊工各部位受到高频电磁的强度均超过标准，其中以手部强度最大，超过卫生标准 5 倍多。

二、熔化焊接与热切割作业中危险源的防护措施

生产劳动过程中需要进行保护，就是要把人体同生产中的危险因素和有毒因素隔离开来，创造安全、卫生和舒适的劳动环境，以保证安全生产。安全生产包括两个方面的内容：一是要预防工伤事故的发生，即预防触电、火灾、爆炸、金属飞溅和机械伤害等事故；二是要预防职业病的危害，防尘、防毒；防射线和噪声等。前面已阐述了预防工伤事故的内容，本节主要讲述职业病危害因素的防护内容。

（一）焊接烟尘与有毒气体的防护

1. 通风防护措施

焊接与热切割作业过程中只要采取完善的防护措施，就能保证焊工只会吸入微量的烟尘和有毒气体，通过人体的解毒作用和排泄作用，就能把毒害减到最小程度，从而避免发生焊接烟尘和有毒气体中毒现象。通风技术措施是消除焊接粉尘和有毒气体、改善劳动条件的有力措施。

（1）通风措施的种类和适应范围　按通风范围，通风措施可分为全面通风和局部通风。由于全面通风费用高，不能立即降低局部区域的烟雾浓度，且排烟效果不理想，因此除大型焊接车间外，一般情况下多采用局部通风措施。

（2）机械通风措施　机械通风指利用通风机械送风和排风进行换气和排毒。焊接所采用的机械排气通风措施，以局部机械排气应用最广泛，使用效果好、方便，设备费用较少。局部机

械排气装置有固定式、移动式和随机式三种。

① 固定式通风装置

• 全面通风：在专门的焊接车间或焊接量大、焊机集中的工作地点，应考虑全面机械通风，可集中安装数台轴流式风机向外排风，使车间内经常更换新鲜空气。全面的机械通风排烟的方法分为三种：上抽排烟、下抽排烟、横向排烟。

• 局部通风：分为局部送风和局部排气两种。局部送风只是暂时地将焊接区域附近作业地带的有害物质吹走，虽对作业地带的空气起到一定的稀释作用，但可能污染整个车间，起不到排除粉尘与有毒气体的目的。局部排气是目前采用的通风措施中使用效果良好、方便灵活、设备费用较少的有效措施。

② 移动式排烟罩具有可以根据焊接地点的操作、位置的需要随意移动的特点，因而在密闭船舱、化工容器和管道内施焊或在大作业厂房非定点施焊时，采用移动式排烟罩具有良好效果。

③ 随机式排烟罩的特点是固定在自动焊机头上或其附近，排风效果显著。一般使用微目型风机或气力引射子为风源，它又分近弧和隐弧排烟罩两种形式。

焊接锅炉、容器时，使用压缩空气引射器也可获得良好的效果，其排烟原理是利用压缩空气从压缩空气管中高速喷射，在引射室造成负压，从而将有毒烟尘吸出。

2. 个人防护措施

当作业环境良好时，如果忽视个人防护，人体仍有受害危险，当在密闭容器内作业时危害更大。因此，加强个人的防护措施至关重要。当在容器内焊接，特别是采用氩弧焊、二氧化碳气体保护焊，或焊接有色金属时，除加强通风外，还应戴好通风帽。使用时用经过处理的压缩空气供气，切不可用氧气，以免发生燃烧事故。

（二）预防弧光辐射

电弧辐射中含有的红外线、紫外线及可见光对人体健康有着不同程度的影响，因而在操作过程中，必须采取以下防护措施：工作时必须穿好工作服（以白色工作服最佳），戴好工作帽、手套、脚盖和面罩。在辐射强烈的作业场合如氩弧焊时，应穿耐酸的工作服，并戴好通风帽。在高温条件下应穿石棉工作服。工作地点周围，应尽可能放置屏蔽板，以免弧光伤害别人。

（三）对噪声的防护

长时间处于噪声环境下工作的人员应戴上护耳器，以减小噪声对人的危害程度。护耳器有隔音耳罩或隔音耳塞等。耳罩虽然隔音效能优于耳塞，但体积较大，戴用稍有不便。耳塞种类很多，常用的是橡胶耳塞，具有携带方便、经济耐用、隔音较好等优点。该耳塞的隔音效能低频为 10～15 dB，中频为 20～30 dB，高频为 30～40 dB。

（四）对电焊弧光的防护

1. 电焊工在施焊时，电焊机两极之间的电弧放电，将产生强烈的弧光，这种弧光能够伤害电焊工的眼睛，造成电光性眼炎。为了预防电光性眼炎，电焊工应使用符合劳动保护要求的面罩。面罩上的电焊护目镜片，应根据焊接电流的强度来选择，使用合乎作业条件的遮光镜片。

2. 为了保护焊接工地其他人员的眼睛，一般在小件焊接的固定场所和有条件的焊接工地都要设立不透光的防护屏，屏底距地面应留有不大于 300 mm 的间隙。

3. 合理组织劳动和作业布局,以免作业区过于拥挤。

4. 注意眼睛的适当休息。焊接时间较长,使用规模较大,应注意中间休息。如果已经出现电光性眼炎,应到医务部门治疗。

（五）对电弧灼伤的防护

1. 焊工在施焊时必须穿好工作服,戴好电焊用手套和脚盖。绝对不允许卷起袖口,穿短袖衣以及敞开衣服等进行电焊工作,防止电焊飞溅物灼伤皮肤。

2. 电焊工在施焊过程中更换焊条时,严禁乱扔焊条头,以免灼伤别人和引起火灾事故发生。

3. 为防止操作开关和闸刀时发生电弧灼伤,合闸时应将焊钳挂起来或放在绝缘板上,拉闸时必须先停止焊接工作。

4. 在焊接预热焊件时,预热好的部分应用石棉板盖住,只露出焊接部分进行操作。

5. 仰焊时飞溅严重,应加强防护,以免发生被飞溅物灼伤的事故。

（六）对高温热辐射的防护

1. 电弧是高温强辐射热源。焊接电弧可产生 3 000 ℃以上的高温。手工焊接时电弧总热量的 20%左右散发在周围空间。电弧产生的强光和红外线还造成对焊工的强烈热辐射。红外线虽不能直接加热空气,但在被物体吸收后,辐射能转变为热能,使物体成为二次辐射热源。因此,焊接电弧是高温强辐射的热源。

2. 通风降温措施。焊接工作场所加强通风设施(机械通风或自然通风)是防暑降温的重要技术措施,尤其是在锅炉等容器或狭小的舱间进行焊割时,应向容器或舱间送风和排气,加强通风。在夏天炎热季节,为补充人体内的水分,应给焊工供给一定量的含盐清凉饮料,这也是防暑的保健措施。

（七）对有害气体的防护

1. 在焊接过程中,为了保护熔池中熔化金属不被氧化,在焊条药皮中有大量产生保护气体的物质,其中有些保护气体对人体是有害的,为了减少有害气体的产生,应选用高质量的焊条,焊接前清除焊件上的油污,有条件的要尽量采用自动焊接工艺,使焊工远离电弧,避免有害气体对焊工的伤害。

2. 利用有效的通风设施,排除有害气体。车间内应有机械通风设施进行通风换气。在容器内部进行焊接时,必须对焊工工作部位送新鲜空气,以降低有害气体的浓度。

3. 加强焊工个人防护,工作时戴防护口罩;定期进行身体检查,以预防职业病。

（八）对机械性外伤的防护

1. 焊件必须放置平稳,特殊形状焊件应用支架或电焊胎夹以保持稳固。

2. 焊接圆形工件的环节焊缝,不准用起重机吊转工件施焊,也不能站在转动的工件上操作,防止跌落摔伤。

3. 焊接转胎的机械传动部分,应设防护罩。

4. 清铲焊接时,应戴护目镜。

第六节 特殊焊接与热切割作业安全技术

一、化工及燃料容器、管道的焊补安全技术

化工及燃料容器(如塔、罐、柜、槽、箱、桶等)和管道在使用过程受内部介质压力、温度、腐蚀的作用,或因结构、材料、焊接工艺等缺陷,时常出现裂纹和穿孔,所以要定期检修。有时在生产过程中就需进行抢修。由于化工生产具有高度连续性的特点,所以这类设备和管道的焊补工作往往是时间紧、任务急,而且要在易燃、易爆、易中毒、高温或高压的复杂情况下进行,稍有疏忽就会发生爆炸、火灾和中毒事故,甚至引起整座厂房、燃料供应系统爆炸着火,造成严重后果。因此,在进行化工燃料及燃料容器和管道的焊割作用时,必须采取切实可靠的防爆、防火和防毒等技术措施。

(一)置换动火与带压不置换动火

化工及燃料容器和管道的焊补,目前主要有置换动火和带压不置换动火两种方法。凡是利用电弧或火焰进行切割或焊接作业的,均为动火,称为动火作业。

1. 置换动火

置换动火就是在焊补前用水和不燃气体置换容器或管道中的可燃气体,或用空气置换容器或管道中的有毒有害气体,使容器或管道内的可燃气体或有毒有害气体的含量符合规定的要求,从而保证焊补作业安全。

置换动火是一种比较安全稳妥的办法,在容器、管道的生产检修工作中被广泛采用,但是采用置换法时,容器、管道需要暂停使用,而且要用其他介质进行置换。在置换过程中要不断地取样分析,直至合格后才能动火,动火后还需再置换,显得费事。如果管道中弯头死角多,则往往不易置换干净而留下隐患。

2. 带压不置换动火

带压不置换动火,就是严格控制含氧量,使可燃气体的浓度大大超过爆炸上限,然后让它以稳定的速度,从管道口向外喷出,并点燃燃烧,使其与周围空气形成一个燃烧系统,并保持稳定地连续燃烧。然后,即可进行焊补作业。

带压不置换法不需要置换原有的气体,有时可以在设备运转的情况下进行,手续少,作业时间短,有利于生产。这种方法主要适用于可燃气体的容器于管道的外部焊补。由于这种方法只能在连续保持一定正压的情况下才能进行,控制难度较大,而且没有一定的压力就不能使用,有较大的局限性,因此,目前应用不广泛。

3. 发生爆炸火灾的原因

(1)焊接动火前对容器或管道内外气体的取样分析不准确,或取样部位不适当。

(2)在焊补过程中,周围条件发生了变化。

(3)正在检修的容器与正在产生的系统未隔离,发生易爆体互相串通,进入焊补区域,或是在生产系统放料排气时遇到火花。

(4)在具有燃烧和爆炸危险的车间、仓库等室内进行焊补作业。

(5)焊补未经安全处理或未开空洞的密封容器。

（二）置换焊补的安全技术措施

1. 固定动火区必须符合下列要求：

（1）无可燃气管道和设备，并且距周围易燃易爆设备与管道 10 m 以上。

（2）室内的固定动火区要与防爆的生产现场隔开，不能有门窗、地沟等串通。

（3）生产中的设备在正常放空或一旦发生事故时，可燃气体和蒸气不能扩散到动火区。

（4）要常备足够数量的灭火工具和设备。

（5）固定动火区内禁止使用任何易燃物质。

（6）作业区周围要划定界限，悬挂防火安全标志。

2. 实行可靠绝缘

现场检修，要先停止待检修设备或管道的工作，然后采取可靠的隔绝措施。

3. 实行彻底置换

做好隔绝工作之后，设备本身必须排尽物料，把容器及管道内的可燃性或有毒性介质彻底置换。常用的置换介质有氮气、水蒸气或水等。置换的方法要视被置换介质与置换介质的比重而定，当置换介质比被置换介质比重大时，应由容器或管道的最低点送进置换介质，由最高点向外排放。以气体为置换介质时的需用量一般为被置换介质容积的 3 倍以上。

4. 正确清洗容器

容器及管道置换处理后，其内外都必须仔细清洗。清洗可用热水蒸煮、酸洗、碱洗或用溶剂清洗，使设备及管道内壁上的结垢物等软化溶解而除去。

5. 空气分析和监视

动火分析就是对设备和管道以及周围环境的气体进行取样分析。动火分析不但能保证开始动火时符合动火条件，而且可以掌握焊补过程中动火条件的变化情况。

气体分析的合格要求是：

（1）可燃气体或可燃蒸气的含量：爆炸下限大于 4％的，浓度应小于 0.5％；爆炸下限小于 4％的，浓度则应小于 0.2％。

（2）有毒有害气体的含量应符合《工业企业设计卫生标准》的规定。

（3）对于操作者需进入内部进行焊补的设备及管道，氧气含量应为 18％～21％。

6. 严禁焊补未开孔洞的密封容器。

7. 安全组织措施

（1）必须按照规定的要求和程序办理动火审批手续。

（2）工作前要制定详细的切实可行的方案。

（3）在作业点周围 10 m 以内应停止其他用火工作，易燃易爆物品应移到安全场所。

（4）工作场所应有足够的照明，手提行灯应采用 12 V 安全电压，并有完好的保护罩。

（5）在禁火区内动火作业以及在容器与管道内进行焊补作业时，必须设监护人。

（6）进入容器或管道进行焊补作业时，触电的危险性最大，必须严格执行有关安全用电的规定，采取必要的防护措施。

（三）带压不置换焊补的安全技术措施

1. 严格控制含氧量

氧气、一氧化碳、乙炔和发生炉煤气等的极限含氧量以不超过 1% 作为安全值。

2. 正压操作

在焊补的全过程中，容器及管道必须连续保持稳定正压，这是带压不置换动火安全的关键。压力一般控制在 $0.015\sim0.049$ MPa（$150\sim500$ cmH$_2$O）为宜。

3. 严格控制工作点周围可燃气体的含量。

4. 焊补操作的安全要求

（1）焊工在操作过程中，应避开点燃的火焰，防止烧伤。

（2）焊接规范应按规定的工艺预先调节好。

（3）遇周围条件有变化，待查明原因采取相应的对策后，才能继续进行焊补。

（4）在焊补过程中，如果发生猛烈喷火现象时，应立即采取消防措施。

二、登高焊接与切割的安全技术

焊工在坠落高度基准面 2 m 以上（包括 2 m）有可能坠落的高处进行焊接与切割作业的称为高处（或称登高）焊接与切割作业。我国将高处作业列为危险作业，并分为四级（表 2-4）。

表 2-4　高处作业分级

级别	一	二	三	特级
距基准面高度/m	$2\sim5$	$5\sim15$	$15\sim30$	>30

高处作业存在的主要危险是坠落，而高处焊接与切割作业将高处作业和焊接与切割作业的危险因素叠加起来，增加了危险性。其安全问题主要是防坠落、防触电、防火防爆以及其他个人防护等。还必须遵守以下安全措施。

1. 登高焊割作业应避开高压线、裸导线及低压电源线。

2. 电焊机及其他焊割设备与高处焊割作业点的下部地面保持 10 m 以上的距离，并应设监护人。

3. 登高进行焊割作业者，衣着要灵便，戴好安全帽，穿胶底鞋，禁止穿硬底鞋和带钉易滑的鞋。不能用耐热性差的尼龙安全带。

4. 登高的梯子应符合安全要求，梯脚需防滑，上下端放置应牢靠，以地面夹角不大于 60°、使用人字梯时夹角约 40°±5° 为宜，并用限跨铁钩挂住。

5. 脚手板宽度单人道不得小于 0.6 m，双人道不得小于 1.2 m，上下坡度不得大于 1:3，板面要钉防滑条并装扶手。

6. 所使用的焊条、工具、小零件等必须装在牢固的无孔洞的工具袋内，防止落下伤人。焊条头不得乱扔。

7. 在高处进行焊割作业时，为防止火花或飞溅引起燃烧和爆炸事故，应把动火下部的易燃易爆物移至安全地点。

8. 严禁将焊接电缆或气焊、气割的橡皮软管缠绕在身上操作，以防触电或燃爆。

9. 患有高血压、心脏病、精神病以及不适合登高作业的人员不得登高焊割作业。

10. 恶劣天气,如六级以上大风、下雨、下雪或雾天,不得登高焊割作业。

三、水下焊接与切割的安全技术

（一）水下焊接技术

水下焊接有干法、局部干法和湿法三种。

1. 干法焊接

这是采用大型气室罩住焊件、焊工在气室内施焊的方法,由于是在干燥气相中焊接,其安全性较好。气室内使用惰性或半惰性气体。干法焊接安全性最好,但使用局限性很大,应用不普遍。

2. 局部干法焊接

局部干法是焊工在水中施焊,人为地将焊接区周围的水排开的水下焊接方法,其安全措施与湿法相似。

3. 湿法焊接

湿法焊接时焊工在水下直接施焊,而不是人为地将焊接区周围的水排开的水下焊接方法。电弧在水下燃烧与埋弧焊相似,是在气泡中燃烧的。

水下湿法焊接与干法和局部干法焊接相比,应用最多,但安全性最差。

（二）水下切割

1. 水下气割

水下气割又称为水下氧-可燃气切割。水下气割的原理与陆上气割相同。水下气割一般采用氧-氢混合气体火焰。

2. 氧-弧水下切割

氧-弧水下切割的工作原理是:首先用管状空心电极与工件之间产生的电弧预热工件,然后从管电极中喷出氧气射流,使工件燃烧,建立氧化放热反应,并将熔渣吹掉形成焊缝。其主要安全问题是防触电、防回火。

3. 金属-电弧切割

金属-电弧切割又叫水下电弧熔割,其原理就是利用电弧热使被割金属熔化而被切割。水下焊接与切割作业常见事故有:触电、爆炸、烧伤、烫伤、溺水、砸伤、潜水病或窒息伤亡。

事故原因大致有以下几点:

（1）沉到水下的船或其他物件中常有弹药、燃料容器和化学危险品,焊割前未查明情况贸然作业。在焊割过程中就会发生爆炸。

（2）由于回火和炽热金属熔滴烧伤、烫伤操作者,或烧坏供气管、潜水服等潜水装具而造成事故。

（3）由于绝缘损坏或操作不当引起触电。

（4）水下构建倒塌发生砸伤、压伤、挤伤甚至死亡事故。

（5）由于供气管、潜水服烧坏,触电或海上风浪等引起溺水事故。

（三）水下焊接与安全措施

1. 准备工作

（1）调查作业区气象、水深、水温、流速等环境情况。当水面风力小于 6 级、作业点水流流速小于 0.1~0.3 m/s 时,方可进行作业。

(2) 水下焊割前应查明被焊割件的性质和结构特点,弄清作业对象内是否存在有易燃、易爆和有毒的物质。

(3) 下潜前,在水上,应对焊、割设备及工具、潜水装具,供气管和电缆、通信联络工具等的绝缘、水密、工艺性能进行检查试验。

(4) 在作业点上方,半径相当于水深的区域内,不得同时进行其他作业。

(5) 操作前,操作人员应对作业地点进行安全处理,移去周围的障碍物。

(6) 潜水焊割人员与水面支持人员之间要有通信装置,在取得支持人员同意后,焊割人员方可开始作业。

(7) 从事水下焊接与切割作业,必须经过专门培训并持有此类工作许可证的人员进行。

2. 防火防爆安全措施

(1) 对储油罐、油管、储气罐和密封容器等进行水下焊割时,必须遵守燃料容器焊补的安全技术要求。

(2) 要慎重考虑切割位置和方位,最好先从距离水面最近的部位着手,向下割。

(3) 严禁利用油管、船体、缆索和海水作为电焊机回路的导电体。

(4) 在水下操作时,极易发生回火。因此,除了在供气总管处安装回火防止器外,还应在割炬柄与供气管之间安装防爆阀。

(5) 使用氢气作为燃料时,应特别注意防爆、防泄漏。

(6) 割炬点火可以在水上点燃带入水下,或带点火器在水下点火。

(7) 防止高温熔滴落进潜水服的折叠处或供气管,尽量避免仰焊和仰割,烧坏潜水服或供气管。

(8) 不要将气割用软管夹在腋下或两腿之间。

3. 防触电安全措施

(1) 焊接电源必须用直流电,禁用交流电。

(2) 所有设备、工具要有良好的绝缘和防水性能,绝缘电阻不得小于 1 MΩ。

(3) 焊工要穿不透水的潜水服,戴干燥的橡皮手套,用橡皮包裹潜水头盔下并部分的金属纽扣。

(4) 更换焊条时,必须先发出拉闸信号,断电后才能去掉残余的焊条头,换新焊条,或安装自动开关箱。

(5) 焊工工作时,电流一旦接通,应把工作点置于自己与接地点之间。

第三章 熔化焊接与热切割作业专业技术（选学部分）

第一节 气焊与热切割

一、气焊

（一）气焊原理

利用可燃气体与助燃气体混合燃烧后，产生的高温火焰对金属材料进行熔化焊接的一种方法。如图3-1所示，将乙炔和氧气在焊炬中混合均匀后，从焊嘴燃烧火焰，将焊件和焊丝熔化后形成熔池，待冷却凝固后形成焊缝连接。

气焊所用的可燃气体很多，有乙炔、氢气、液化石油气、煤气等，而最常用的是乙炔气。乙炔气的发热量大，燃烧温度高，制造方便，使用安全，焊接时火焰对金属的影响最小，火焰温度高达3 100～3 300 ℃。氧气作为助燃气，其纯度越高，耗气越少。因此，气焊也称为氧-乙炔焊。

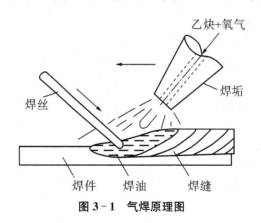

图3-1 气焊原理图

（二）气焊的特点及应用

1. 由于火焰对熔池的压力及对焊件的热输入量调节方便，因此熔池温度、焊缝形状和尺寸、焊缝背面成形等容易控制。

2. 设备简单，移动方便，操作易掌握，但设备占用生产面积较大。

3. 焊炬尺寸小，使用灵活，由于气焊热源温度较低，加热缓慢，生产率低，热量分散，热影响区大，焊件有较大的变形，接头质量不高。

4. 气焊适于各种位置的焊接,适于焊接在 3 mm 以下的低碳钢、高碳钢薄板、铸铁焊补以及铜、铝等有色金属的焊接。

二、热切割

(一)气割原理及工作范围

气割是利用可燃气体和助燃气体,在割炬内进行混合,使混合气体发生剧烈燃烧,将被割工件在切割处预热到燃烧温度后,喷出高速切割氧气流,使切口处金属剧烈燃烧,并将燃烧后的金属氧化物吹除,实现工件分离。气割的本质是铁在纯氧中的燃烧过程,而不是熔化过程,基本过程为预热——燃烧——吹渣,纯铁的熔点为 1 534 ℃,纯铁的燃点为 315～320 ℃。

(二)气割设备与其他工具

氧气(瓶)和乙炔(瓶)割炬、红蓝气管各 1 条(15 m)、氧气压力表、乙炔压力表及防回火装置。

(三)气割安全操作规程

1. 氧气瓶、乙炔瓶的安全距离应保持 5 m 以上,氧气瓶乙炔瓶距离明火的安全距离为 10 m(高空作业时是指与垂直地面处的平行距离)。不使用的情况下,氧气瓶、乙炔瓶的安全距离为 2 m。存放的时候是分开存放。

2. 氧气瓶与乙炔瓶在使用过程中要垂直固定,并绑扎牢靠。乙炔瓶禁止卧地使用,防止丙酮流出。对于卧地的乙炔瓶,使用前应立牢静止 15 分钟后方可使用。

3. 乙炔的使用压力不能超过 0.05 MPa,氧气的使用压力一般在 0.4 MPa,严禁超压使用,防止皮带爆开发生事故。

4. 瓶内气体严禁用净,应留有余压。乙炔不得低于 0.05 MPa,氧气不得低于 0.1 MPa。

5. 氧气瓶、乙炔瓶的搬运要分开搬运,不得混装,并防止剧烈震动和碰撞。

6. 在容器内和空间狭小、空气流通不畅的情况下,禁止电焊、气焊同时进入。

7. 氧气瓶嘴、割炬氧气接口严禁油污,防止发生火灾事故。

8. 操作时候应着装规范,穿工作服、劳保鞋,并戴电焊手套和火焊眼镜。

9. 发生火灾、氧气软管着火时候,不能折弯软管断气,应迅速关闭氧气阀门,停止供氧。乙炔软管着火时,可以采取折弯前面一段软管的办法将火熄灭。乙炔瓶着火时,应立即把乙炔瓶朝安全方向推倒,用沙子或者消防器材扑灭。

10. 严禁在带压力的容器或者管道上进行焊、割作业,带电设备应先切断电源。

11. 点火时,割炬不能对准人,正在燃烧的割炬不得放在工件或者地面上。在储存过易燃、易爆及有毒物品的容器或者管道上焊、割作业,应先清理干净,用蒸汽清理、烧碱清洗,作业时应将所有的孔、口打开。

12. 工作完毕应检查有无火种留下,并做到"工完、料净、场地清"。

(三)气割工艺

气割参数的选择:切割氧压力、预热火焰能率、割嘴型号、割嘴与被割工件的距离、割嘴与被割工件表面倾斜角、切割速度。

1. 切割氧气压力

切割氧的压力与工件厚度、割把型号、割嘴型号以及氧气纯度有关。氧气纯度为98.5%。压力太低,切割过程缓慢,容易形成吹不透,粘渣;压力太大,容易形成氧气浪费,切口表面粗糙,切口加大。

2. 预热火焰能率

预热作用是火焰提供足够的热量把被割工件加热到燃点。预热火焰能率的选择和板材厚度有关,厚度越大,预热火焰能率越大。

3. 割嘴型号

割嘴型号分为1号(切割钢材厚度1~8 mm)、2号(切割钢材厚度4~20 mm)、3号(切割钢材厚度12~40 mm),根据被割工件厚度选择割嘴型号。

4. 割嘴与被割工件的距离

根据工件的厚度选择,厚度越大,距离越近,一般控制在3~5 mm。薄工件应将距离拉开,以免前割后焊。

5. 割嘴与被割工件表面倾斜角

倾斜角直接影响气割速度和后托量。倾斜角大小根据工件厚度而定。切割厚度小于30 mm钢板时候,割嘴向后倾斜20°~30°。厚度大于30 mm厚钢板时,开始气割时应将割嘴向前倾斜5°~10°,全部割透后再将割嘴垂直于工件,当快切割完时,割嘴应逐渐向后5°~10°。

6. 切割速度

根据厚度选择,工件越厚,速度越慢,反之,则快。速度过快,会导致后托量增大,甚至割不透,后托量越小越好。

第二节　焊条电弧焊与碳弧气刨

一、焊接电弧的概念

焊接时,将焊条与焊件接触后很快拉开,在焊条端部和焊件之间立即会产生明亮的电弧(如图3-2a所示)。电弧是一种气体放电现象。

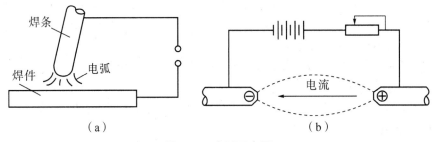

图3-2　电弧示意图

当我们切断电源开关脱离接触处的瞬间,往往会看到明亮的电火花,这也是一种气体放电的现象。但它与焊接电弧相比较,焊接电弧不但能量大,而且连续持久。因此我们将由焊接电源供给的具有一定电压的两电极间或电极与焊件间的气体介质中,产生强烈而持久的放电现象,称为焊接电弧。

(一)气体电离

气体原子和自然界的一切物质一样,其中电子是按一定的轨道环绕原子核运动。在常态下原子是呈中性的。但在一定的条件下,气体原子中的电子从外面获得足够的能量,就能脱离原子核的引力成为自由电子,同时原子由于失去电子而成为正离子。这种使中性的气体分子或原子释放电子形成正离子的过程称为气体电离。

在焊接时,使气体介质电离的方式主要有热电离、电场作用下的电离、光电离。

1. 热电离

气体粒子受热的作用而产生的电离称为热电离。温度越高,热电离作用越大。

2. 电场作用下的电离

带电粒子在电场的作用下,各做定向高速运动,产生较大的动能,并且与中性粒子相碰撞时,不断地产生电离。两电极间的电压越高,电场作用越大,则电离作用越强烈。

3. 光电离

中性粒子在光辐射的作用下产生的电离,称为光电离。

(二)阴极电子发射

阴极的金属表面连续地向外发射出电子的现象,称为阴极电子发射。阴极电子发射也和气体电离一样,是电弧产生和维持的重要条件。

一般情况下,电子不能自由离开金属表面产生电子发射,要使电子发射,必须施加一定的能量,使电子克服金属内部正电荷对它的静电引力。焊接时,根据阴极吸收能量的方式不同,所产生的电子发射有热发射、电场发射和撞击发射等几类。

1. 热发射

焊接时,阴极表面的温度很高,使阴极内部的电子热运动速度增加,当电子的动能大于其逸出功时,电子即冲出阴极表面而产生热电子发射。如用钢焊条作电极进行焊接时,阴极温度可达 2 100 ℃,热发射作用是相当强烈的。

2. 电场发射

当阴极表面外部空间存在强电场时,电子可获得足够的动能克服正电荷对它的静电引力,从阴极表面发射出来。两极间电压越高,则电场发射作用越大。

3. 撞击发射

高速运动的正离子撞击阴极表面时,将能量传递给阴极而产生电子发射的现象称为撞击发射。电场强度越大,在电场中正离子运动速度越快,产生撞击发射的作用也越强烈。

二、焊接电弧的构造及静特性

(一)焊接电弧的构造

焊接电弧的构造可以分为三个区域:阴极区、阳极区、弧柱区。

1. 阴极区　为保证电弧稳定燃烧,阴极区的任务是向弧柱区提供电子流和接受弧柱区送来的正离子流。在焊接时,阴极表面存在一个烁亮的辉点,称为阴极斑点。阴极斑点是电子发射源,也是阴极区的温度最高的部分,一般达 2 130～3 230 ℃,放出的热量占焊接总热量的36%左右。阴极温度的高低主要取决于阴极的电极材料,一般都低于材料的沸点,见表 3-1。此外,电极的电流密度增大,阴极区的温度也相应提高。

表3-1　阴极区和阳极区的温度　　　　　　　　　　　　　　单位:℃

电极材料	材料沸点	阴极区温度	阳极区温度
碳	4 367	3 227	3 827
铁	2 998	2 130	2 330
铜	2 307	1 927	2 177
镍	2 900	2 097	2 177
钨	5 927	2 727	3 977

注:① 电弧中气体介质为空气。② 阴极和阳极为同种材料。

2. 阳极区　阳极区的任务是接受弧柱区流过来的电子流和向弧柱区提供正离子流。在阳极表面上的光亮辉点称为阳极斑点。阳极斑点是由于电子对阳极表面撞击而形成的。一般情况下,与阴极比较,由于阳极能量只用于阳极材料的熔化和蒸发,无发射电子的能量消耗,因此在和阴极材料相同时,阳极区温度略高于阴极区(图3-3)。阳极区的温度一般可达2 330～3 980 ℃,放出的热量占焊接总热量的43%左右。

3. 弧柱区　弧柱是处于阴极区与阳极区之间的区域。弧柱区起着电子流和正离子流的导电通路的作用,弧柱的温度不受材料沸点限制,而取决于弧柱中气体介质和焊接电流。焊接电流越大,弧柱中电离程度就越大,弧柱温度也就越高。弧柱区的中心温度可达5 730～7 730 ℃,放出的热量占焊接总热量的21%左右。

4. 电弧电压　通常测出的电弧电压就是阴极区、阳极区和弧柱区电压降之和。当弧长一定时,电弧电压的分布如图3-4所示。

(二)电弧的静特性

在电极材料、气体介质和弧长一定的情况下,电弧稳定燃烧时,焊接电流与电弧电压变化的关系称为电弧静特性。表示它们关系的曲线叫作电弧的静特性曲线。

1. 电弧静特性曲线　从图3-5中可以看到,电弧静特性曲线呈"U"形。当电流较小时(曲线左边的 ab 段),电弧静特性为下降特性区,即随着电流的增加而电压降低;在正常工艺参数焊接时,电流通常从几十安培几百安培,这时的电弧静特性曲线如曲线中的 bc 段,称为平特性区,即电流大小变化时电压几乎不变;当电流更大时(曲线右边的 cd 段),电弧静特性为上升特性区,电压随电流的增加而升高。

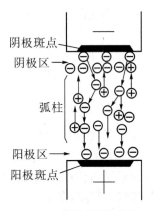

阴极斑点
阴极区
弧柱
阳极区
阳极斑点

$U_阳$　$U_柱$　$U_阴$　　$U_弧$

U/V

图3-3　焊接电弧的构造　　　　图3-4　电弧各区域的电压分布示意图　　　　图3-5　电弧的静特性

2. 焊接方法不同时的电弧静特性曲线 不同的焊接方法,在一定的条件下,其电弧静特性只是曲线中的某一区域。

(1) 手工电弧焊:由于手弧焊设备的额定电流值不大于 500 A,所以其静特性曲线无上升特性区。

(2) 埋弧自动焊: 在正常电流密度下焊接时,其静特性为平特性区;采用大电流密度焊接时,其静特性为上升特性区。

(3) 钨极氩弧焊:一般在小电流区间焊接时,其静特性为下降特性区;在大电流区间焊接时,其静特性为平特性区。

(4) 细丝熔化极气体保护焊:由于受电板端面积所限,电流密度很大,所以其静特性曲线为上升特性区。

在一般情况下,电弧电压总是和电弧长度成正比变化,当电弧长度增加时,电弧电压升高,其静特性曲线的位置也随之上升。

三、碳弧气刨

使用焊接技术制造金属结构时,必须先将金属切割成符合要求的形状,有时还需要刨削各种坡口,清焊根及清除焊接缺陷。电弧热切割和刨削金属因其显著的优点而被广泛应用。电弧切割与电弧气刨的工作原理、电源、工具、材料及气源完全一样,不同之处仅仅在于具体操作略有不同。可以认为电弧气刨是电弧切割的一种特殊形式,而碳弧气刨则是电弧气刨家族中的一员。

（一）碳弧气刨的原理、特点及应用

1. 原理

碳弧气刨是利用在碳棒与工件之间产生的电弧热将金属熔化,同时用压缩空气将这些熔化金属吹掉,从而在金属上刨削出沟槽的一种热加工工艺。其工作原理如图 3-6 所示。

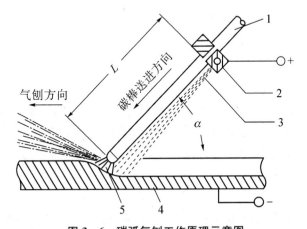

图 3-6 碳弧气刨工作原理示意图

1—碳棒;2—气刨枪夹头;3—压缩空气;4—工件;5—电弧

L—碳棒外伸长;α—碳棒与工件夹角

2. 特点

(1) 与用风铲或砂轮相比,效率高,噪音小,并可减轻劳动强度。

(2) 与等离子弧气刨相比,设备简单,压缩空气容易获得且成本低。

（3）由于碳弧气刨是利用高温而不是利用氧化作用刨削金属的，因而不但适用于黑色金属，而且还适用于不锈钢，以及铝、铜等有色金属及其合金。

（4）由于碳弧气刨是利用压缩空气把熔化金属吹去，因而可进行全位置操作；手工碳弧气刨的灵活性和可操作性较好，因而在狭窄工位或可达性差的部位，碳弧气刨仍可使用。

（5）在清除焊缝或铸件缺陷时，被刨削面光洁铮亮，在电弧下可清楚地观察到缺陷的形状和深度，故有利于清除缺陷。

（6）碳弧气刨也具有明显的缺点，如产生烟雾、噪音较大、粉尘污染、弧光辐射、对操作者的技术要求高。

3. 应用

（1）清焊根。

（2）开坡口，特别是中、厚板对接坡口，管对接"U"形坡口。

（3）清除焊缝中的缺陷。

（4）清除铸件的毛边、飞刺、浇铸口及缺陷。

（二）设备及材料

碳弧气刨系统由电源、气刨枪、碳棒、电缆气管和压缩空气源等组成，如图 3-7 所示。

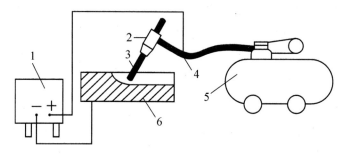

图 3-7 碳弧气刨系统示意图
1—电源；2—气刨枪；3—碳棒；4—电缆气管；5—空气压缩机；6—工件

1. 电源

碳弧气刨一般采用具有陡降外特性且动特性较好的手工直流电弧焊机作为电源。由于碳弧气刨一般使用的电流较大，且连续工作时间较长，因此，应选用功率较大的焊机。例如，当使用 $\phi 7$ mm 的碳棒时，碳弧气刨电流为 350 A，故宜选用额定电流为 500 A 的手工直流电弧焊机作为电源。使用工频交流焊接电源进行碳弧气刨时，由于电流过零时间较长会引起电弧不稳定，故在实际生产中一般并不使用。

2. 气刨枪

碳弧气刨枪的电极夹头应导电性良好、夹持牢固，外壳绝缘及绝热性能良好，更换碳棒方便，压缩空气喷射集中而准确，重量轻且使用方便。碳弧气刨枪就是在焊条电弧焊钳的基础上，增加了压缩空气的进气管和喷嘴而制成。碳弧气刨枪有侧面送气和圆周送气两种类型。

3. 碳棒

碳棒是由碳、石墨加上适当的粘合剂，通过挤压成形，焙烤后镀一层铜而制成。碳棒主要分圆碳棒、扁碳棒和半圆碳棒三种，其中圆碳棒最常用。对碳棒的要求是耐高温，导电性良好，不易断裂，使用时散发烟雾及粉尘少。

（三）碳弧气刨工艺

1. 工艺参数及其影响

（1）电源极性　碳弧气刨一般采用直流反接(工件接负极)。这样电弧稳定,熔化金属的流动性较好,凝固温度较低,因此反接时刨削过程稳定,电弧发出连续的"刷刷"声,刨槽宽窄一致,光滑明亮。若极性接错,电弧不稳且发出断续的"嘟嘟"声。

（2）电流与碳棒直径　电流与碳棒直径成正比关系,一般可参照下面的经验公式选择电流:

$$I = (30 \sim 50)D$$

式中:I——电流(A);

D——碳棒直径(mm)。

对于一定直径的碳棒,如果电流较小,则电弧不稳,且易产生夹碳缺陷;适当增大电流,可提高刨削速度、刨槽表面光滑、宽度增大。在实际应用中,一般选用较大的电流,但电流过大时,碳棒烧损很快,甚至碳棒熔化,造成严重渗碳。碳棒直径选择主要根据所需的刨槽宽度而定,碳棒直径越大,则刨槽越宽。一般碳棒直径应比所要求的刨槽宽度小 2～4 mm。

（3）刨削速度　刨削速度对刨槽尺寸、表面质量和刨削过程的稳定性有一定的影响。刨削速度须与电流大小和刨槽深度(或碳棒与工件间的夹角)相匹配。刨削速度太快,易造成碳棒与金属短路、电弧熄灭,形成夹碳缺陷。一般刨削速度为 0.5～1.2 m/min 为宜。

（4）压缩空气压力　压缩空气的压力会直接影响刨削速度和刨槽表面质量;压力高,可提高刨削速度和刨槽表面的光滑程度;压力低,则造成刨槽表面粘渣。一般要求压缩空气的压力为 0.4～0.6 MPa。压缩空气所含水分和油分可通过在压缩空气的管路中加过滤装置予以限制。

（5）碳棒的外伸长　碳棒从导电嘴到碳棒端点的长度为外伸长。手工碳弧气刨时,外伸长大,压缩空气的喷嘴离电弧就远,造成风力不足,不能将熔渣顺利吹掉,而且碳棒也容易折断。一般外伸长为 80～100 mm 为宜。随着碳棒烧损,碳棒的外伸长不断减少,当外伸长减少至 20～30 mm 时,应将外伸长重新调至 80～100 mm。

（6）碳棒与工件间的夹角　碳棒与工件间的夹角 α 大小,主要会影响刨槽深度和刨削速度。夹角增大,则刨削深度增加,刨削速度减小。一般手工碳弧气刨采用 45°左右夹角为宜。

4. 常见缺陷及排除措施

（1）夹碳　刨削速度和碳棒送进速度不稳,造成短路熄弧,碳棒粘在未熔化的金属上,易产生夹碳缺陷。若夹碳残存在坡口中,焊后易产生气孔和裂纹。

排除措施:夹碳主要是操作不熟练造成的,因此应提高操作技术水平。在操作过程中要细心观察,及时调整刨削速度和碳棒送进速度。发生夹碳后,可用砂轮、风铲或重新用气刨将夹碳部分清除干净。

（2）粘渣　碳弧气刨吹出的物质称为渣。它实质上主要是氧化铁和碳化铁等化合物,易粘在刨槽的两侧而形成粘渣,焊接时容易形成气孔。

排除措施:粘渣的主要原因是压缩空气压力偏小。发生粘渣后,可用钢丝刷、砂轮或风铲等工具将其清除。

（3）铜斑　碳棒表面的铜皮成块剥落,熔化后集中熔敷到刨槽表面某处而形成铜斑。焊接时,该部位焊缝金属的含铜量可能增加很多而引起热裂纹。

排除措施:碳棒镀铜质量不好、电流过大都会造成铜皮成块剥落而形成铜斑。因此,应选用质量好的碳棒和选择合适的电流,发生铜斑后可用钢丝刷、砂轮或重新用气刨将铜斑消除干净。

(4)刨槽尺寸和形状不规则 在碳弧气刨操作过程中有时会产生刨槽不正、深浅不匀甚至刨偏的缺陷。

排除措施:产生这种缺陷的主要原因是操作技术不熟练,因此应从以下几个方面改善操作技术:① 保持刨削速度和碳棒送进速度稳。② 在刨削过程中,碳棒的空间位置尤其是碳棒夹角应合理且保持稳定。③ 刨削时应集中注意力,使碳棒对准预定刨削路径。在清焊根时,应将碳棒对准装配间隙。

第三节　熔化极气体保护焊

一、气体保护电弧焊概述

气体保护电弧焊(简称气体保护焊)是用外加气体作为电弧介质并保护电弧和焊接区的电弧焊方法。

(一)气体保护焊的原理

气体保护焊直接依靠从喷嘴中连续送出的气流,在电弧周围形成局部的气体保护层,使电极端部、熔滴和熔池金属处于保护气罩内,使其与空气隔绝,从而保证焊接过程的稳定,获得质量优良的焊缝。

(二)保护气体的种类及用途

气体保护焊时,保护气体在焊接区形成保护层,同时电弧又在气体中放电,因此,保护气体的性质与焊接质量有着密切的关系。

保护气体有惰性气体、还原性气体、氧化性气体和混合气体等数种。惰性气体有氩气和氦气,其中以氩气使用最为普遍。还原性气体有氮气和氢气,氮虽然是焊接中的有害气体,但它不溶于铜,对于铜它实际上就是"惰性气体",所以可专用于铜及铜合金的焊接。氢气主要用于氢原子焊,但目前应用较少。另外,氮气、氢气也常和其他气体混合使用。氧化性气体有二氧化碳,由于这种气体来源丰富、成本低,因此值得推广使用。目前二氧化碳气体主要应用于碳素钢及低合金钢的焊接。混合气体是在一种保护气体中加入一定比例的另一种气体,可以提高电弧稳定性和改善焊接效果。因此,现在采用混合气体保护的

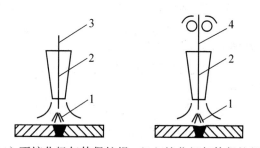

(a)不熔化极气体保护焊　(b)熔化极气体保护焊

图 3 - 8　气体保护焊方式示意图

1—电弧;2—喷嘴;3—钨极;4—焊丝

方法也很普遍。

(三)气体保护焊的分类

气体保护焊按所用电极材料,可分为不熔化极气体保护焊和熔化极气体保护焊(图3-8)。

按照焊接保护气体的种类划分,有氩弧焊、氦弧焊、氮弧焊、氢原子焊、二氧化碳气体保护焊等方法。按操作方式的不同,又可分为手工、半自动和自动气体保护焊。

二、二氧化碳气体保护焊原理

二氧化碳气体保护焊是用二氧化碳作为保护气体,依靠焊丝与焊件之间产生的电弧未熔金属的气体保护焊方法。简称二氧化碳焊。

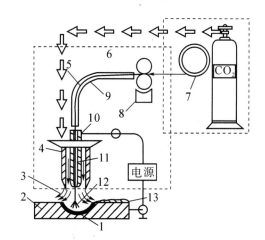

图3-9 二氧化碳气体保护焊焊接过程示意图
1—熔池 2—焊件 3—二氧化碳气体 4—喷嘴
5—焊丝 6—焊接设备 7—焊丝盘
8—送丝机构 9—软管 10—焊枪
11—导电嘴 12—电弧 13—焊缝

(一)二氧化碳气体保护焊的过程

二氧化碳气体保护焊的焊接过程如图3-9所示。焊接电源的两输出端分别接在焊枪与焊件上,盘状焊丝由送丝机构带动,经软管与导电嘴不断向电弧区域送给,同时,二氧化碳气体以一定的压力和流量送入焊枪,通过喷嘴后,形成一保护气流,使熔池和电弧与空气隔绝。随着焊枪的移动,熔池金属冷却凝固形成焊缝。

(二)二氧化碳气体保护焊的分类

二氧化碳气体保护焊按所用焊丝直径不同,可分为细丝二氧化碳气体保护焊(焊丝直径为0.5～1.2 mm)和粗丝二氧化碳气体保护焊(焊丝直径为1.6～5.0 mm)。

按操作方式又可分为二氧化碳半自动焊和二氧化碳自动焊。主要区别在于:二氧化碳半自动焊是由手工操作焊枪控制焊缝成形,而送丝、送气等功能同二氧化碳自动焊一样,由相应的机械装置来完成。二氧化碳半自动焊适用性较强,可以焊接较短的或不规则的曲线焊缝,还可以进行定位焊操作。二氧化碳自动焊主要用于较长的直线焊缝和环缝等焊缝的焊接。

(三)二氧化碳气体保护焊的特点

1. 生产效率高

二氧化碳气体保护焊的焊接电流密度大,焊丝的熔敷速度高,母材的熔深较大,对于10 mm以上的钢板不开坡口可一次焊透,产生熔渣极少,层间或焊后不必清渣;焊接过程不必像手弧焊那样停弧换焊条,节省了清渣时间和一些填充金属(不必丢掉焊条头),生产效率比手弧焊提高1～4倍。

2. 抗锈能力强

由于二氧化碳气体在焊接过程中分解,氧化性较强,对焊件上的铁锈敏感性小,故对焊前清理的要求不高。

3. 焊接变形小

由于电弧热量集中、二氧化碳气体有冷却作用、受热面积小,所以焊后焊件变形小,特别是薄板的焊接更为突出。

4. 冷裂倾向小

二氧化碳气体保护焊焊缝的扩散氢含量少,抗裂性能好,在焊接低合金高强度钢时,出现冷裂倾向小。

5. 采用明弧焊

熔池可见性好,观察和控制熔接过程较为方便。

6. 适用范围广

二氧化碳焊可进行各种位置的焊接,不仅适用于焊接薄板,还常用于中、厚板的焊接,而且也用于磨损零件的修补堆焊。

二氧化碳气体保护焊的主要不足是:使用大电流焊接时,飞溅较多;很难用交流电源焊接或在有风的地方施焊;不能焊接容易氧化的有色金属材料。

第四节　氩弧焊

一、氩弧焊概述

氩弧焊是以氩气作为保护气体的一种气体保护电弧焊方法。

(一)氩弧焊原理

氩弧焊的焊接过程如图 3-10 所示。从焊枪喷嘴中喷出的氩气流,在焊接区形成厚而密的气体保护层而隔绝空气,同时,在电极(钨极或焊丝)与焊件之间燃烧产生的电弧热量使被焊处熔化,并填充焊丝将被焊金属连接在一起,获得牢固的焊接接头。

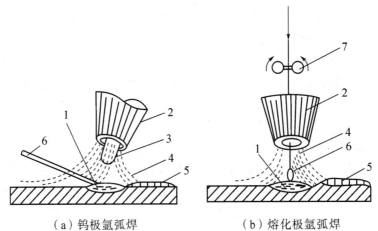

（a）钨极氩弧焊　　　　　（b）熔化极氩弧焊

图 3-10　氩弧焊示意图

1—熔池;2—喷嘴;3—钨极;4—气体;5—焊缝;6—焊丝;7—送丝滚轮

（二）氩弧焊的特点

1. 焊缝质量较高

由于氩气是惰性气体,可在空气与焊件间形成稳定的隔绝层,保证高温下被焊金属中合金元素不会氧化烧损,同时氩气不溶解于液态金属,故能有效地保护熔池金属,获得较高的焊接质量。

2. 焊接变形与应力小

由于氩弧焊热量集中,电弧受氩气流的冷却和压缩作用,使热影响区窄,焊接变形和应力小,特别适宜于薄件的焊接。

3. 可焊的材料范围广

几乎所有的金属材料都可进行氩弧焊。通常,多用于焊接不锈钢,以及铝、铜等有色金属及其合金,有时还用于焊接构件的打底焊。

4. 操作技术易于掌握

采用氩气保护无熔渣,且为明弧焊接,电弧、熔池可见性好,适合各种位置焊接,容易实现机械化和自动化。

（三）氩弧焊的分类和适用范围

氩弧焊根据所用电极材料,可分为钨极(不熔化极)氩弧焊(用 TIG 表示)和熔化极氩弧焊(用 MIG 表示);按其操作方式可分为手工、半自动和自动氩弧焊;若在氩弧焊电源中加入脉冲装置又可分为钨极脉冲氩弧焊和熔化极脉冲氩弧焊。分类如图 3-11 所示。

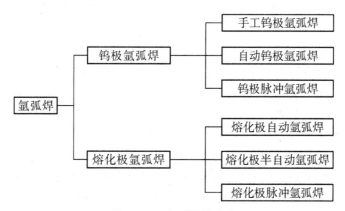

图 3-11　氩弧焊的分类

氩弧焊适用于碳钢、合金钢、不锈钢、难熔金属铝及铝镁合金、铜及铜合金、钛及钛合金,以及小于 0.1 mm 的超薄板,同时能进行全方位焊接,特别对复杂焊件难以接近部位等。

1. 钨极氩弧焊

钨极氩弧焊是采用高熔点的钨棒作为电极,在氩气层流保护下,利用钨极与焊件之间的电弧热量,来熔化填充焊丝和基体金属,以形成焊缝。钨极本身不熔化,只起发射电子产生电弧的作用。

钨极氩弧焊有手工和自动两种操作方式。手工钨极氩弧焊时,焊工一手握焊枪,另一手持焊丝,随焊枪的摆动和前进,逐渐将焊丝填入熔池之中。有时也不加填充焊丝,仅将接口边缘熔化后形成焊缝。自动钨极氩弧焊是以传动机构带动焊枪行走,送丝机构尾随焊枪进行连续送丝的焊接方式。

常用钨极主要有纯钨、铈钨、钍钨和锆钨等四种,纯钨极熔点和沸点高,不易熔化蒸发、烧损,但电子发射能力较其他钨极差,不利于电弧稳定燃烧。此外,电流承载能力较低,抗污染性差。钍钨极的发射电子能力强,允许电流密度大,电弧燃烧较稳定,寿命较长。但钍元素具有一定放射性,使用时或把钨极磨尖时若不注意防护,则对人体健康将是有害的。铈钨极电子逸出功低,引弧和稳弧不亚于钍钨极,化学稳定性高,允许电流密度大,无放射性,是目前国内普遍采用的一种。锆钨极的性能介于纯钨极和钍钨极之间。在需要防止电极污染焊缝金属的特殊条件下使用,焊接时,电极尖端易保持半球形,适于交流焊接。

为了防止钨极的熔化和烧损,对所用焊接电流要有所限制,这样焊缝的熔深受到影响,因此只能用于薄板焊接,故生产率不高。为此,在钨极氩弧焊的基础上,出现了熔化极氩弧焊的工艺方法。

2. 熔化极氩弧焊

熔化极氩弧焊是以焊丝作为电极,在氩气层流的保护下,电弧在焊丝与焊件之间燃烧,并以一定的速度连续给送,不断熔化形成熔滴过渡到熔池中,最后形成焊缝。其操作方式有半自动和自动两种。

半自动熔化极氩弧焊是手工操作焊枪,焊丝通过送丝机构经焊枪输出。自动熔化极氩弧焊则是由传动机构带动焊枪行走,送丝机构连续送丝。

熔化极氩弧焊用焊丝作为电极,可以使用大电流焊接,焊缝的熔深较大,适用于中厚板的焊接。

熔化极氩弧焊是采用喷射过渡形式。熔化极氩弧焊时,当焊接电流增大到一定数值,粗滴过渡会转化为喷射过渡,这个转变发生时的焊接电流称为"临界电流"。在氩气气氛中产生喷射过渡要比二氧化碳气体保护焊时容易得多,主要原因是所需的临界电流值较低。喷射过渡具有焊接过渡过程稳定、飞溅小、熔深大及焊缝成形好等特点。

3. 脉冲氩弧焊

脉冲氩弧焊是向焊接电弧供以脉冲电流进行氩弧焊的一种工艺方法。钨极脉冲氩弧焊和熔化极脉冲氩弧焊目前已被推广与应用。脉冲氩弧焊使用电流恒定的直流弧焊电源,加入脉冲装置后恒定的直流转变为脉冲直流。脉冲电流由基值电流I基和脉冲电流J脉两部分组成。基值电流用来维持电弧稳定燃烧和预热电极(或焊丝)与焊件。脉冲电流是用来熔化金属,是焊接时的主要热源。

在焊接过程中,当电极(或焊丝)通过脉冲电流时,焊件在电弧热的作用下形成一个熔池,焊丝熔化滴入熔池;当只有基值电流作用时,由于热量减少,熔池凝固形成一个焊点。下一个脉冲作用时,原焊点的一部分与焊件新的接头处产生一个新熔池,如此循环,最后形成一条由许多搭接的焊点组成的链状焊缝。通过对脉冲电流、基值电流的调节和控制,可达到对焊接热输入量的控制,从而控制焊缝的尺寸和质量。

第五节　埋　弧　焊

一、埋弧自动焊概述

埋弧自动焊实质是一种电弧在颗粒状焊剂下燃烧的熔焊方法,如图3-12所示。焊丝送入颗粒状的焊剂下,与焊件之间产生电弧,使焊丝与焊件熔化形成熔池,熔池金属结晶为焊缝;部分焊剂熔化形成熔渣,并在电弧区域形成一封闭空间,液态熔渣凝固后成为渣壳,覆盖在焊缝金属上面。随着电弧沿着焊接方向移动,焊丝不断地送进并熔化,焊剂也不断地撒在电弧周围,使电弧埋在焊剂层下燃烧,由此实现自动焊接过程。

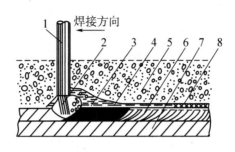

图 3 - 12　埋弧自动焊示意图
1—焊丝;2—电弧;3—熔池;4—熔渣;5—焊剂;6—焊缝;7—焊件;8—渣壳

埋弧自动焊与手工电弧焊相比,其主要特点如下:

1. 焊接生产率高

埋弧自动焊所用焊接电流大,加上焊剂和熔渣的隔热作用,热效率高、熔深大。单丝埋弧焊在焊件不开坡口的情况下,一次可熔透 20 mm。焊接速度高,以厚度8～10 mm 钢板对接焊为例,单丝埋弧自动焊速度可达 500～800 mm/min,手弧焊则不超过100～130 mm/min。

2. 焊接质量好

焊剂和熔渣的存在不仅防止空气中的氮、氧侵入熔池,而且使熔池较慢凝固,使液态金属与熔化的焊剂间有较多时间的冶金反应,减少了焊缝中产生气孔、裂纹等缺陷的可能性。焊剂还可以向焊缝渗合金,提高焊缝金属的力学性能。另外,焊缝成形美观。

3. 劳动条件好

焊接过程的机械化使操作显得更为便利,而且烟尘少,没有弧光辐射,劳动条件得到改善。

由于埋弧焊采用颗粒状焊剂,一般仅适用于平焊位置,其他位置的焊接则需采用特殊措施,以保证焊剂能覆盖焊接区。埋弧自动焊主要适用于低碳钢及合金钢中厚板的焊接,是大型焊接结构生产中常用的一种焊接技术。

二、等速送丝式埋弧自动焊机

等速送丝式埋弧自动焊机的特点是选定的焊丝给送速度,在焊接过程中恒定不变。当电弧长度变化时,依靠电弧的自身调节作用,来相应地改变焊丝熔化速度,以保持电弧长度的不变。因此,焊接电源要求具有缓降的电源外特性。

MZ_1-1000 型是根据电弧自身调节原理设计的典型的等速送丝式埋弧自动焊机。其控制系统简单,可使用交流或直流焊接电源,主要用于焊接各种坡口的对接、搭接焊缝,船形焊缝,容器的内、外环缝和纵缝,特别适于批量生产。

该焊机由焊接小车、控制箱和焊接电源三部分组成。

三、变速送丝式埋弧自动焊机

变速送丝式埋弧自动焊机的特点是通过改变焊丝给送速度来消除外界因素对弧长的影响。

即焊接过程中电弧长度变化时,依靠电弧电压自动调节作用,相应改变焊丝给送速度,以保持电弧长度的不变。

MZ-1000 型是根据电弧电压自动调节原理设计的变速送丝式埋弧自动焊机。这种焊机焊接过程自动调节灵敏度较高,而且对焊丝给送速度和焊接速度的调节方便,可使用交流和直流焊接电源,主要用于水平位置或水平面倾斜不大于 10°的位置的各种坡口的对接、搭接和角接焊缝的焊接,并可借助滚轮胎架焊接筒形焊件的内、外环缝。MZ-1000 型埋弧自动焊机主要由 MZT-1000 型焊接小车和 MZP-1000 型控制箱及焊接电源组成。焊接小车由机头、控制盘、焊丝盘、焊剂斗和台车等部分组成。焊接电源采用交流电源时,采用直流电源时,选择具有陡降外特性的弧焊整流器。

第六节　堆焊与热喷涂

一、堆焊的特点

堆焊的物理本质、热过程、冶金过程以及堆焊金属的凝固结晶与相变过程,与一般的焊接方法相比是没有什么区别的。然而,堆焊主要是以获得特定性能的表层、发挥表面层金属性能为目的,所以堆焊工艺应该注意以下特点:

1. 根据技术要求合理地选择堆焊合金类型

被堆焊的金属种类繁多,所以,堆焊前首先应分析零件的工作状况,确定零件的材质。根据具体的情况选择堆焊合金系统。这样才能得到符合技术要求的表面堆焊层。

2. 以降低稀释率为原则,选定堆焊方法

由于零件的基体大多是低碳钢或低合金钢,而表面堆焊层含合金元素较多,因此,为了得到良好的堆焊层,就必须减小母材向焊缝金属的熔入量,也就是稀释率。

3. 堆焊层与基体金属间应有相近的性能

由于通常堆焊层与基体的化学成分差别很大,为防止堆焊层与基体间在堆焊、焊后热处理及使用过程中产生较大的热应力与组织应力,常要求堆焊层与基体的热膨胀系数和相变温度最好接近,否则容易造成堆焊层开裂及剥离。

4. 提高生产率

由于堆焊零件的数量繁多、堆焊金属量大,所以应该研发和应用生产率较高的堆焊工艺。

总之,只有全面考虑上述特点,才能在工程实践中正确选择堆焊合金系统与堆焊工艺,获得符合技术要求的经济性好的表面堆焊层。

二、堆焊的应用

堆焊工艺是焊接领域中的一个重要分支,它在矿山、电站、冶金、车辆、农机等工业部门的零件修复和制造中都有广泛的使用。其主要用途有以下两个方面:

1. 零件修复

零件常因磨损而失效,例如石油钻头、挖掘机齿等,可以选择合适的堆焊材料对其进行修复,使其恢复尺寸和进一步提高其性能。而且用堆焊技术进行修复比制造新零件的费用低很多,使用寿命也较长,因此堆焊技术在零件修复中得到广泛应用。

2. 零件制造

堆焊工艺可以采用不同的基体,在这些基体上使用不同的堆焊材料使表面达到我们所需要的性能,如耐磨性、耐蚀性、耐热性等。利用这一工艺不仅能保证零件的使用寿命而且还避免了贵金属的消耗,使设备的成本降低。

三、堆焊金属的使用性能

不同的工作条件要求堆焊金属要有不同的使用性能,其主要的使用性能包括耐磨性、耐蚀性、耐高温性和耐气蚀性等。

1. 耐磨性

磨损是材料在使用过程中表面被液体、气体或固体的机械或化学作用而造成的破坏现象。磨损是一个很复杂的微观破坏过程,它是金属材料本身与它相互作用的材料以及工作环境综合作用的结果。磨损有五个基本类型:粘着磨损、磨料磨损、冲击侵蚀、疲劳磨损和微动磨损。

2. 耐蚀性

金属与环境介质发生化学或电化学作用引起的破坏和失效现象称为金属的腐蚀。腐蚀按照机理分为化学腐蚀和电化学腐蚀两种。化学腐蚀是金属直接与介质发生作用而形成的,电化学腐蚀是金属与电解液溶池接触产生原电池作用而形成的。提高金属的耐蚀性是这一类堆焊的主要任务。常用的堆焊材料有铜基、镍基、钴基合金和镍铬奥氏体不锈钢。

3. 耐高温性

金属高温下工作,因氧化而形成破坏;高温长期工作因蠕变而形成破坏,组织因回火或相变而软化,反复加热和冷却引起的疲劳裂纹等很多因高温而引起的材料失效。因此为了提高材料的高温使用性能,应相应提高材料的抗氧化性、蠕变强度、热强度、热硬性、热疲劳等性能。常用的高温堆焊材料如镍基、钴基合金和高铬合金铸铁等。

4. 耐冲击性

金属表面由于外来物体的连续高速度冲击而引起的磨损称冲击磨损,一般表现为表面变形、开裂和凿削剥离。

按金属表面所受应力大小及造成损坏情况,冲击磨损可分为三类:

① 轻度冲击:动能被吸收,金属表面的弱性变形可恢复。

② 中度冲击:金属表面除发生弹性变形外,还发生部分塑性变形。

③ 严重冲击:金属破裂或严重变形。

堆焊金属的耐冲击性与它的抗压强度、延性和韧性有关,一种材料的耐冲击性和耐磨性有矛盾,两者不可兼得。

5. 耐气蚀性

气蚀发生在零件与液体接触并有相对运动条件下,在表面上不断发生气穴,在气穴随后的破灭过程中液体对金属表面产生强烈的冲击力,如此反复作用,使金属表面产生疲劳而脱落,形成许多小坑(麻点)。小坑会成为液体介质的腐蚀源,特别是在其表面的保护膜遭到破坏后,情况更为严重,最后使表面成为泡沫海绵状。水轮机转轮叶片、船舶螺旋桨、水泵等都有可能发生气蚀。

二、热喷涂

1. 热喷涂分类方法

一般按照热源的种类、喷涂材料的形态及涂层的功能来分。如按涂层的功能分为耐腐、耐磨、隔热等涂层；按加热和结合方式可分为喷涂和喷熔，前者是基体不熔化，涂层与基体形成机械结合；后者则是涂层再加热重熔，涂层与基体互溶并扩散形成冶金结合。平常接触较多的一种分类方法是按照加热喷涂材料的热源种类来分的，按此可分为：火焰喷涂；电弧喷涂；电爆喷涂等。

2. 火焰类喷涂

（1）火焰喷涂　火焰喷涂包括线材火焰喷涂和粉末火焰喷涂。

① 线材火焰喷涂法：是最早发明的喷涂法。它是把金属线以一定的速度送进喷枪里，使端部在高温火焰中熔化，随即用压缩空气将其雾化并吹走，沉积在预处理过的工件表面上。

② 粉末火焰喷涂法：它与丝材火焰喷涂的不同之处是喷涂材料不是丝材而是粉末。

在火焰喷涂中通常使用乙炔和氧组合燃烧而提供热量，也可以用甲基乙炔、丙二烯（MPS）、丙烷、氢气或天然气。

火焰喷涂可喷涂金属、陶瓷、塑料等材料，应用非常灵活，喷涂设备轻便简单，可移动，价格低于其他喷涂设备，经济性好，是目前喷涂技术中使用较广泛的一种方法。为了改善火焰喷涂的不足，提高结合强度及涂层密度，可采用将压缩空气或气流加速装置来提高颗粒速度；也可以采用将压缩气流由空气改为惰性气体的办法来降低氧化程度，但这同时也提高了成本。

3. 电弧类喷涂

电弧喷涂是在两根焊丝状的金属材料之间产生电弧，因电弧产生的热使金属焊丝逐渐熔化，熔化部分被压缩空气气流喷向基体表面而形成涂层。

电弧喷涂按电弧电源可分为直流电弧喷涂和交流电弧喷涂。直流电弧喷涂操作稳定，涂层组织致密，效率高；交流电弧喷涂噪音大。

电弧产生的温度与电弧气体介质、电极材料种类及电流有关（如 Fe 料，电流 280 A，电弧温度为 6 100 K）。电弧喷涂还可方便地制造合金涂层或"伪合金"涂层。通过使用两根不同成分的丝材和使用不同进给速度，即可得到不同的合金成分。

电弧喷涂与火焰喷涂设备相似，同样具有成本低、一次性投资少、使用方便等优点。但是，电弧喷涂的明显不足是喷涂材料必须是导电的焊丝，因此只能使用金属，而不能使用陶瓷，限制了电弧喷涂的应用范围。

4. 电热法

（1）电爆喷涂：在线材两端通以瞬间大电流，使线材熔化并发生爆炸。此法专用来喷涂气缸等内表面。

（2）感应加热喷涂：采用高频涡流将线材加热，然后用高压气体雾化并加速的喷涂方法。

（3）电容放电加热：利用电容放电将线材加热，然后用高压气体雾化并加速的喷涂方法。

第七节　电子束焊与激光焊

一、电子束焊

1. 基本原理和分类

电子束焊接的基本原理是电子枪中的阴极由于直接或间接加热而发射电子,该电子在高压静电场的加速下再通过电磁场的聚焦就可以形成能量密度极高的电子束,用此电子束去轰击工件,巨大的动能转化为热能,使焊接处工件熔化,形成熔池,从而实现对工件的焊接。

电子束焊的分类方法很多。按被焊工件所处的环境的真空度可分为三种:高真空电子束焊、低真空电子束焊和非真空电子束焊。

(1) 高真空电子束焊是在 $10^{-4} \sim 10^{-1}$ Pa 的压强下进行的。良好的真空条件,可以保证对熔池的"保护"防止金属元素的氧化和烧损,适用于活性金属、难熔金属和质量要求高的工件的焊接。

(2) 低真空电子束焊是在 $10^{-1} \sim 10$ Pa 的压强下进行的。压强为 4 Pa 时束流密度及其相应的功率密度的最大值与高真空的最大值相差很小。

(3) 在非真空电子束焊机中,电子束仍是在高真空条件下产生的,然后穿过一组光阑、气阻和若干级预真空小室,射到处于大气压力下的工件上。在压强增加到 7~15 Pa 时,由于散射,电子束功率密度明显下降。在大气压下,电子束散射更加强烈。即使将电子枪的工作距离限制在 20~50 mm,焊缝深宽比最大也只能达到 5∶1。

2. 工艺特点和应用范围

(1) 工艺特点

① 电子束穿透能力强(功率密度可达 10^6 W/cm²),焊缝深宽比大(可达 50∶1),易于实现厚度差极大的焊件之间的焊接。

② 焊接速度特别快(大于 1 m/min),热影响区小,焊接变小。

③ 真空环境中焊接,有利于提高焊缝质量。

④ 可达性好:在真空环境下,电子束可发射到较远位置,且束流直径远细于任何电极或焊枪。

⑤ 可控性好:通过控制电子束聚焦,可实现穿透数层非焊接件后再聚焦于焊接位置进行焊接;通过控制电子束偏移,可实现复杂接缝的自动焊接;还可通过电子束扫描熔池以消除焊接缺陷。

3. 应用范围

(1) 航空航天工业　加工一些技术要求高并有特殊用途的部件,如直升机的零部件或卫星燃料箱。

(2) 能源和电子工业　大批量加工铜制品和其他一些接触材料的产品,如断路器。

(3) 铁路、造船和医药工业　安全可靠的连接,如德国高速火车的扣环和适用人体的植入物。

(4) 机器设备制造和食品工业　小批量和大批量加工不锈钢制品以及其他不同的钢的结合物的产品。可通过电子束焊接重达 50 吨的工件。

二、激光焊

激光焊接是利用高能量密度的激光束作为热源的一种高效精密焊接方法。20世纪70年代主要用于焊接薄壁材料和低速焊接，焊接过程属热传导型，即激光辐射加热工件表面，表面热量通过热传导向内部扩散，通过控制激光脉冲的宽度、能量、峰值功率和重复频率等参数，使工件熔化，形成特定的熔池。

1. 技术原理

激光焊接可以采用连续或脉冲激光束加以实现，激光焊接的原理可分为热传导型焊接和激光深熔焊接。功率密度小于 $10^4 \sim 10^5$ W/cm^2 为热传导焊，此时熔深浅、焊接速度慢；功率密度大于 $10^5 \sim 10^7$ W/cm^2 时，金属表面受热作用下凹成"孔穴"，形成深熔焊，具有焊接速度快、深宽比大的特点。

2. 工作设备

由光学振荡器及放在振荡器空穴两端镜间的介质所组成。介质受到激发至高能量状态时，开始产生同相位光波且在两端镜间来回反射，形成光电的串结效应，将光波放大，并获得足够能量而开始发射出激光。

激光可解释成将电能、化学能、热能、光能或核能等原始能源转换成某些特定光频（紫外光、可见光或红外光）的电磁辐射束的一种设备。转换形态在某些固态、液态或气态介质中很容易进行。当这些介质以原子或分子形态被激发，便产生相位几乎相同且近乎单一波长的光束-激光。由于具同相位及单一波长，差异角均非常小，在被高度集中以提供焊接、切割及热处理等功能前可传送的距离相当长。

3. 工艺参数

（1）功率密度　功率密度是激光加工中最关键的参数之一。采用较高的功率密度，在微秒时间范围内，表层即可加热至沸点，产生大量汽化。因此，高功率密度对于材料去除加工，如打孔、切割、雕刻有利。对于较低功率密度，表层温度达到沸点需要经历数毫秒，在表层汽化前，底层达到熔点，易形成良好的熔融焊接。因此，在传导型激光焊接中，功率密度范围在 $10^4 \sim 10^6$ W/cm^2。

（2）激光脉冲波形　激光脉冲波形在激光焊接中是一个重要问题，尤其对于薄片焊接更为重要。当高强度激光束射至材料表面，金属表面将会有 $60\% \sim 98\%$ 的激光能量反射而损失掉，且反射率随表面温度变化。在一个激光脉冲作用期间内，金属反射率的变化很大。

（3）激光脉冲宽度　脉宽是脉冲激光焊接的重要参数之一，它既是区别于材料去除和材料熔化的重要参数，也是决定加工设备造价及体积的关键参数。

（4）离焦量对焊接质量的影响　激光焊接通常需要一定的离焦量，因为激光焦点处光斑中心的功率密度过高，容易蒸发成孔。离开激光焦点的各平面上，功率密度分布相对均匀。离焦方式有两种：正离焦与负离焦。焦平面位于工件上方为正离焦，反之为负离焦。负离焦时，可获得更大的熔深，这与熔池的形成过程有关。当负离焦时，材料内部功率密度比表面还高，易形成更强的熔化、汽化，使光能向材料更深处传递。所以在实际应用中，当要求熔深较大时，采用负离焦；焊接薄材料时，宜用正离焦。

（5）焊接速度　焊接速度的快慢会影响单位时间内的热输入量，焊接速度过慢，则热输入量过大，导致工件烧穿，焊接速度过快，则热输入量过小，造成工件焊不透。

第八节　等离子弧焊接与切割

一、等离子弧的产生

1. 等离子弧的概念

自由电弧是未受到外界约束的电弧,如一般电弧焊产生的电弧,等离子弧是受外部拘束条件的影响使弧柱受到压缩的电弧。

2. 等离子弧的产生

在钨极与喷嘴之间或钨极与工件之间加一较高电压,经高频振荡使气体电离形成自由电弧,该电弧受下列三个压缩作用形成等离子弧。

① 机械压缩效应(作用):电弧经过有一定孔径的水冷喷嘴通道,使电弧截面受到拘束,不能自由扩展。

② 热压缩效应:当通入一定压力和流量的氩气或氮气时,冷气流均匀地包围着电弧,使电弧外围受到强烈冷却,迫使带电粒子流(离子和电子)往弧柱中心集中,弧柱被进一步压缩。

③ 电磁收缩效应:定向运动的电子、离子流就是相互平行的载流导体,在弧柱电流本身产生的磁场作用下,产生的电磁力使弧柱进一步收缩。

电弧经过以上三种压缩效应后,能量高度集中在直径很小的弧柱中,弧柱中的气体被充分电离成等离子体,故称为等离子弧。

二、等离子弧焊接

1. 基本知识

用等离子弧作为热源进行焊接的方法称为等离子弧焊接。焊接时离子气(形成离子弧)和保护气(保护熔池和焊缝不受空气的有害作用)均为氩气。等离子弧焊所用电极一般为钨极(与钨极氩弧焊相同,国内主要采用钍钨极和铈钨极,国外还采用锆钨极和锆极),有时还需填充金属(焊丝)。一般均采用直流正接法(钨棒接负极)。故等离子弧焊接实质上是一种具有压缩效应的钨极气体保护焊。

2. 等离子弧焊接的分类

小孔型焊又称穿孔、锁孔或穿透焊。利用等离子弧能量密度大、等离子流力强的特点,将工件完全熔透并产生一个贯穿工件的小孔。被熔化的金属在电弧吸力、液体金属重力与表面张力相互作用下保持平衡。焊枪前进时,小孔在电弧后方锁闭,形成完全熔透的焊缝。当离子气流量较小、弧抗压缩程度较弱时,这种等离子弧在焊接过程中只熔化工件而不产生小孔效应。焊缝成形原理和钨极氩弧焊类似,此种方法也称熔入型或熔蚀法等离子弧焊,主要用于薄板加单面焊双面成形及厚板的多层焊。

3. 等离子弧焊接的特点

(1) 微束等离子弧焊可以焊接箔材和薄板。

(2) 具有小孔效应,能较好实现单面焊双面自由成形。

(3) 等离子弧能量密度大,弧柱温度高,穿透能力强,10～12 mm厚度钢材可不开坡口,能一次焊透双面成形,焊接速度快,生产率高,应力变形小。

（4）设备比较复杂，气体耗量大，只宜于室内焊接。

4．等离子弧焊接的应用

微束离子通常用于焊接薄板材（厚度为 0.1 mm）、焊丝和网孔部分。针型挺直的弧能将弧的偏离和变形减到最小。虽然等效的 TIG 弧更扩散，但更新的晶体管化的（TIG）电源能在低电流下产生非常稳定的弧。

三、等离子弧切割

1．基本知识

等离子弧切割是一种常用的金属和非金属材料切割工艺方法。它利用高速、高温和高能的等离子气流来加热和熔化被切割材料，并借助内部的或者外部的高速气流或水流将熔化材料排开直至等离子气流束穿透背面而形成割口。

2．等离子弧切割的特点

（1）应用范围广；

（2）切割速度快、生产率高；

（3）切割质量高。

第四章　熔化焊接与热切割作业危险源辨识

熔化焊接与热切割作业人员在工作过程中需要与各种易燃易爆气体、压力容器和电机电器等接触,焊接过程中也会产生有毒气体、有害粉尘、弧光辐射、高频电磁场、噪声和射线等。上述危害因素在一定条件下可能引起爆炸、火灾,造成烫伤、急性中毒(锰中毒),或造成血液疾病以及电光性眼炎和皮肤病等职业病,此外还可能危及设备、厂房和周围人员安全,给国家和企业带来不应有的损失。

在对焊接与热切割作业进行危险源辨识时,构成焊接与热切割作业危害的根源主要是人、物、环境三大因素。

1. 人的因素:各种危害的发生在很大程度上与人有关(如"三违"),人的行为会构成物的不安全、不卫生状态,会造成管理上的混乱和不良的生产作业环境。

2. 物的因素:指发生事故及职业危害时所涉的物质,它包括生产过程中的原料(如氧、乙炔、氢气、焊条等)、机械设备(如焊机)、工具(如焊炬)、工件以及其他非生产性物质。物质的固有属性及其具有的潜在破坏力,构成了危险和有害因素。

3. 环境因素:环境可分为社会环境、自然环境和生产环境。许多事故及职业危害的发生,往往与环境有关,环境因素影响着管理因素,环境与管理因素影响并决定着人的因素和物的因素,人和物的因素又反过来影响着环境因素。

第一节　焊接车间及临时性现场施工风险识别

一、焊接车间作业存在的安全风险

焊接车间作业场所常见的危险有:爆炸和火灾、触电、烟尘及有毒气体、电弧辐射与噪音。

(一)爆炸和火灾

1. 风险识别

(1)焊接时,焊接电弧高温、焊接变压器、电焊机绝缘不良,过热或产生火花,而引起燃烧和爆炸。

(2)操作时,焊接电弧过高,焊接用高压气瓶和焊割用氧气、乙炔气,存在爆炸和火灾的危险。

(3)在集中使用气体的车间,乙炔、氧气等是用管道输送的,输送管道均属于压力管道。气体在管道内流动时,发生与管道的摩擦会产生静电集聚而放电,静电放电引起可燃气体与空气的混合而发生燃烧或爆炸。

(4) 外部明火导入管道内部,如管道附近明火的导入以及与管线相连的焊接工具因回火进入管内,引起管道燃烧爆炸。

(5) 车间的氧气管道阀门在有油脂存在的条件下,乙炔及其他可燃气体与管道内部或外部的油脂混合后,极易引起燃烧和爆炸。

(6) 焊接车间可燃易燃气体(焊接烟尘)滞留积聚,引发爆炸和火灾。

(7) 焊接车间工作场所比较固定,人员集中、焊接设备较多、管理不到位,容易发生火灾、爆炸的事故。

2. 防止措施

(1) 作业前,认真检查焊接设备、橡皮绝缘电缆的连接部位有无松散、破损现象。

(2) 作业前,仔细检查各钢瓶、胶管、仪表是否符合要求。操作时,保持高压气瓶、氧气瓶、乙炔瓶安全距离 5 m 以上。

(3) 管道在车间外架设或埋设,应按相应的规定进行,必须有可靠的接头装置。

(4) 氧气管道的管材一般应选用无缝钢管、铜管(如黄铜管)。

(5) 乙炔管道的管材一般应选用不锈钢管、无缝钢管,严禁使用紫铜、银质材料。

(6) 氧气、乙炔管道采用无缝钢管敷设或埋设。

(7) 车间管道使用之前,应对管道内进行彻底清理,并对管道作脱脂处理,以清除管内残存的油脂。为保证使用安全,必须进行强度和气密性试验。输送乙炔气体的管道,还应加装防止回火的安全装置。

(8) 在使用输气管道时,限制管道中气体的流速,严禁管道阀门沾染油脂。

(9) 压力管道使用单位应负责本单位的压力管道安全管理工作,并履行有关职责,焊割作业人员应给予积极配合。

(10) 焊接切割作业前,彻底清除施工区域的滞留烟尘、气体。除必要的通风措施外,还应装设气体分析仪和报警器。

(11) 焊接车间所有气焊设备、焊接电缆线等不得相互缠绕,工具和材料应排列整齐,不得乱堆乱放。工作场地严禁吸烟,施工地点放置安全标志。

(12) 焊接车间应按规定要求留出安全通道,一旦发生事故时,便于撤离现场,便于救护人员的进出。车辆通道的宽度不得小于 3 m,人行通道不得小于 1.5 m。

(13) 焊接车间焊工工作面积不应该小于 4 m²,地面应基本干燥。

(14) 焊接车间可燃气瓶和氧气瓶应分别存放,用完的气瓶及时移出工作场地,不得随便横躺卧放。气瓶储存时,应放置于专用仓库储存。

(15) 工作结束应切断焊机电源,并检查操作台(地点),确认无起火危险后方可离开。

(二) 触电

1. 风险辨识

(1) 安装焊接电源、焊接变压器、电焊机时违反操作规程发生触电事故。

(2) 不能正确使用焊接电源、电焊机、焊接工具,存在触电的危险。

(3) 在焊接车间高湿度、高温度的环境下作业易触电。

2. 防止措施

(1) 安装焊接电源时,注意配电系统开关、熔断器等是否合格、齐全,导线绝缘是否良好,网络电源功率是否够用。

（2）焊接变压器其绝缘电阻不得小于 1 MΩ。

（3）电焊机保护接地线或保护接零线。

（4）焊机的接地电阻可用打入地下深度不小于 1 m、电阻不大于 4 Ω 的铜棒或铜管做接地板。

（5）焊工作业前，必须穿戴合格的工作服、绝缘手套、套鞋。

（6）焊接工作前，先检查焊机设备和工具是否安全可靠。不允许未进行安全检查就开始操作。按操作规程使用焊炬、焊割和其他焊接工具。

（7）多台焊机在一起集中施焊时，焊接平台或焊件必须接地，应有绝缘板。

（8）在有多台焊机的工作场地（车间）当水压太低或不稳定时，应设置专用冷却循环系统。

（9）在平台上工作时，禁止将焊炬、割炬插在平台孔内。

（10）焊接车间必须保持湿度、温度达标的工作场所。

（11）在潮湿环境操作时，焊工必须使用干燥、可靠的焊工手套，使用绝缘橡胶衬垫。

（12）焊接作业结束后，及时切断焊机电源。

（13）电焊设备的安装、检查、修理必须由电工进行。

（三）烟尘及有毒气体

1. 风险辨识

（1）在焊接时，焊条（焊丝）和焊件在电弧高温作用下，发生蒸汽、凝结和气化，产生大量烟尘。

（2）焊接中，电弧周围的空气在弧光强烈辐射下，还会产生臭氧、氮氧化物、一氧化碳气体等有毒气体。焊工长期吸入烟尘或有害有毒气体，引起焊工尘肺、慢性锰中毒、金属烟雾热。

2. 防止措施

（1）尽量选用酸性焊条。

（2）采用自然通风、全面通风、局部机械通风、空气净化器技术将焊接车间内空气进行净化处理。

（3）产生烟气粉尘的车间要将烟气吸出作业场所，对粉尘进行收集处理。

（4）焊工作业时，除穿戴防护用品外，还应戴送风盔式面罩及防护口罩。

（四）电弧辐射与噪音

1. 风险辨识

（1）采用电弧焊接与切割，电弧温度高达 6 000 ℃，有强烈的弧光，存在电弧辐射。电弧辐射中含有的红外线、紫外线、强可见光对人体健康有不同程度的危害。

（2）在等离子喷焊、喷涂和切割过程中，气体从喷枪口高速喷出，产生较高的噪音。长时间处于噪音环境下，焊工耳膜造成一定的损害使得听力下降。

2. 预防措施

（1）在辐射强烈的工作场地必须戴好通风焊帽，应穿耐酸呢制或丝绸工作服。

（2）多人焊接时，设置屏蔽板，避免弧光辐射的交叉影响。

（3）在噪音环境下工作的焊工可选戴隔音耳塞或隔音耳罩。

（4）等离子弧产生高强度、高频率的噪声，焊工操作时必须塞上耳塞。

二、临时性现场施工风险辨识

临时性施工场所存在的风险主要有爆炸和火灾、触电、高空坠落、缺氧窒息。

（一）爆炸和火灾

1. 风险辨识

（1）高处作业时，焊接火星熔渣飞溅引发易燃易爆物品燃烧爆炸。

（2）在受限空间施工时，易燃易爆、助燃气体引起火灾或爆炸。

（3）锅炉、球罐、大型储罐、压力容器安装、维修时由于焊接电弧高温、焊接使用高压气瓶和焊割用氧气、乙炔气引起火灾爆炸。

（4）现场施工临时用电，电线私拉乱接引起火灾。

（5）现场施工材料、工件、工具乱堆乱放引起火灾爆炸事故。

2. 防止措施

（1）在易燃易爆场所进行高处作业前，办理动火手续，确定安全后方可施工。

（2）焊接作业点（作业下方地面）周围 10 m 范围内不得堆放易燃易爆物品，应设有隔挡设施，并设专人监护。

（3）压力容器、锅炉、球罐、储罐、船舱、防空洞等进行施工前，必须进行置换清洗、测试合格、办理动火证后方能操作。

（4）焊补燃料容器和管道也常用置换焊补、带压不置换焊补两种措施。

（5）严禁向容器、管道、受限空间内送入氧气。

（6）气焊、气割作业前，认真检查氧气瓶、乙炔瓶及焊、割工具是否沾染油脂，软管是否完好。

（7）氧气瓶、乙炔瓶距明火的距离不得小于 10 m。点火时，焊割枪口不准对人，燃烧的焊、割炬不得放在工件和地面上。

（8）现场施工焊接设备的安装、检修、故障由电工来完成，焊工不得私拉乱接电线。

（9）施工场地存放易燃易爆物品应符合有关规定，对材料、垃圾不允许堆积，应及时清理，施工场地有明显的安全标志。

（10）制定安全防火防爆方案。工地设有吸烟室（处）。

（二）触电

1. 风险辨识

（1）在受限空间内焊接与热切割作业，内部临时导线多，焊工活动余地小，易触电。

（2）焊工在大雨、雷电、大风天气进行高处作业，容易发生触电事故。

（3）焊工操作时，接近高压线、裸导线和低压线而触电。

（4）在梅雨季节，空气潮湿易发生触电事故。

（5）焊工违反操作规程和安全制度而导致意外触电。

2. 防止措施

（1）焊工按规定穿绝缘鞋、戴绝缘手套，按规程操作。

（2）在受限空间焊接时，必须设有专人监护（监护人应熟知焊接操作规程和抢救方法）。

（3）受限空间照明电压不得超过 12 V。

（4）雨、雪、风力6级以上(含6级)天气禁止露天作业。

（5）焊工作业时,与附近高压线安全距离5m以外,与附近低压线和裸导线安全距离至少2.5m,禁止在高压线下方作业。

（6）焊工在梅雨季节或空气潮湿的地点施焊时,除按规定穿戴绝缘工装外,必须在干燥的绝缘板上工作,严禁靠在潮湿的钢板上或工件上。

（7）如临时需要使用较长的电源线时,应架高2.5m以上。

（8）在带电情况下,严禁将焊钳夹在腋下、搬动焊件或将焊接电缆挂在颈脖上。

（9）严禁将焊接电缆放在电弧附近或焊缝旁,不得碾压和被利器损伤。

（10）下班时必须关闭电源,清理工作场地。

（三）高处坠落

1. 风险辨识

（1）焊工高处作业时,安全带"低挂高用"滑(脱)落造成坠落。

（2）焊工将焊接电缆缠绕在身上,行动不便造成坠落。

（3）焊工在大型储罐、锅炉、压力容器上作业存在坠落的危险。

2. 防止措施

（1）焊工作业前,必须将安全带系在施工作业处上方的牢固构件上,防止挂钩滑脱。

（2）严格执行安全技术操作规程,排查工作隐患,杜绝违规行为。

（四）缺氧窒息

1. 风险辨识

焊工在受限空间内进行焊接与热切割作业时,所处环境中氧气的含量减少,氮气含量增加,会引起缺氧窒息。

2. 防止措施

（1）进入受限空间前,对作业点进行气体分析:当含氧量小于16％时严禁焊工进入作业,必须用空气或冷风置换并经分析合格后方能进入(含氧量为19％～21％为合格)。

（2）焊工不准随便进入存放潮湿活性炭的受限空间。

（3）焊工进入受限空间施焊必须办理作业审批手续。

第二节　触电风险辨识

一、电力

电力是以电能作为动力的能源。输电按所送电流性质分为直流输电系统、交流输电系统、交直流混合的电力系统。输电电压常用220 kV、高压输电330～765 kV、超高压输电1 000 kV。目前工厂使用的是220/380 V电力网线。电能在服务于生产的同时,也潜藏着巨大的隐患和危险。如熔化焊接与热切割作业中,由于安装、操作和使用不当,维修不善而造成的设备事故,还可能酿成人身伤亡。

二、触电

焊割作业过程中,风险点主要有焊接设备、电力线路、人身触电等。

(一)焊接设备及电力线路

1. 风险辨识

(1)焊工作业时,焊接设备或线路发生短路,造成焊工电伤或电击。

(2)焊接设备绝缘老化、损坏导致漏电酿成触电事故。

2. 防止措施

(1)作业前,检查设备和线路是否有可靠的短路保护装置(如保险器、空气开关)。

(2)施焊前,认真检查电焊机是否有可靠的过载保护装置。

(3)焊接设备应安设接地或接零保护装置:当电源为三相三线制或单相制系统中应安设保护接地线,当电源为三相四线制供电系统中应安设保护接零线。

(4)焊机的接地(接零)装置必须定期检查,焊机绝缘良好,接线柱有绝缘圈,设备外壳有绝缘板。

(5)焊机的电源线一般不得超过 3 m。

(6)焊机的工作负荷按铭牌规定,不得任意长时间超载运行。

(7)焊工按规定穿戴个人防护服、防护鞋。

(二)人身触电

1. 风险辨识

(1)焊工使用焊机、焊钳、焊条时,人体某一部分触及带电体,造成单相触电。

(2)在潮湿环境、狭小舱室或容器内焊接作业,引起焊工电伤或电击。

2. 防止措施

(1)焊工按规定穿戴个人防护用品。

(2)电动机械设备按规定接地接零减少触电事故的发生。

(3)作业前,在潮湿地面铺上绝缘板。

(4)在潮湿、金属容器等受限空间使用安全电压不得超过 12 V。

(5)焊工操作时,其他辅助人员不得随意关掉电源。

(6)焊工按工艺规程操作,必须纠正操作中的随意性。

第三节　压缩气体和液化气体风险辨识

一、压缩气体和液化气体概述

1. 定义

压缩、液化或加压溶解的气体,并符合下述两种情况之一者:

(1)临界温度低于 50 ℃或在 50 ℃时,其蒸气压力大于 294 kPa 的压缩或液化气体。

(2)温度在 21.1 ℃时,气体的绝对压力大于 275 kPa,或在 54.4 ℃时,气体的绝对压力大于 715 kPa 的压缩气体；或在 37.8 ℃时，雷德蒸气压力大于 27 kPa 的液化气体或加压溶解气体。

2. 性质

压缩气体是经过加压或降低温度，使气体分子间的距离大大缩小而被压入钢瓶中始终保持为气体状态的气体。

液化气体是对压缩气体继续加压、降温，使之转化成液态。

3. 风险点

压缩气体和液化气体都盛装在封闭的容器内，如果受高温、日晒气体极易膨胀，产生很大压力。当压力超过容器的耐压强度就会爆炸。液化气体泄漏会使人中毒，也有可能遇明火发生爆炸。

二、焊割作业风险辨识

在焊接与热切割作业中常用的压缩气体和液化气体有：氢气、乙炔、甲烷、氮气、氩气、氧气、二氧化碳气体、液化石油气。

1. 风险辨识

（1）二氧化碳气体保护焊操作中，气瓶摩擦、碰撞、高温情况下可能爆炸，二氧化碳气体泄漏使人发生中毒事故。

（2）熔化极惰性气体保护焊操作中，高压气瓶遇热源易爆炸。

（3）气焊与气割操作中，乙炔瓶与氧气瓶相互碰撞发生爆炸，乙炔泄漏发生人员中毒和爆炸事故。

2. 预防措施

（1）焊工按规定穿戴防护用品。

（2）使用二氧化碳气瓶时，气瓶与热源的安全距离不小于 3 m，与易燃易爆物质的安全距离 10 m 以上。

（3）使用高压瓶时轻放、防止倾倒，远离热源的安全距离不小于 3 m。

（4）使用乙炔瓶与氧气瓶时，注意气瓶之间的安全距离 5 m 以上，与易燃易爆物的安全距离 10 m 以上。

（5）气瓶使用前认真检查气瓶各部件是否漏气、破损。

（6）在气瓶使用时，严禁敲击、碰撞，特别是乙炔瓶不应遭受剧烈震动或撞击，以免填料下沉而形成净空间影响乙炔的贮存。

（7）工作结束时，关好瓶阀、清理施工场地，确保无隐患方可离开。

第四节　焊接烟尘与有毒气体的危害

一、焊接烟尘风险辨识

1. 概述

焊接产生的烟气及粉尘是金属熔融所产生的蒸气在空气中迅速冷凝及氧化形成的。尽管铁、锰、硅、铬、镍元素的沸点不同，但当弧柱温度达 6 000 ℃以上时，金属元素在高温下产生蒸发现象，这是产生焊接烟尘的重要原因。其次是在电弧高温作用下分解的氧气与弧柱区内的液体金属发生氧化反应而产生的金属氧化物,如三氧化铁、氧化锰、二氧化硅等,它们以气溶胶形态飘浮于作业环境空气中就形成焊接烟尘。

2. 风险辨识

(1)焊接作业中,手工电弧焊使用的焊条有两类:酸性焊条和低氢碱性焊条。酸性焊条药皮中主要含有较强的氧化铁、氧化锰、氧化钛酸性氧化物;低氢碱性焊条药皮中含有大量的铁合金(锰铁、钛铁、硅铁等)及碳酸镁碱性氧化物。这些氧化物、铁合金在高温下蒸发就形成了焊接烟尘。

(2)焊接产生的有毒尘粒在空气中长时间停留,超标尘粒经人体呼吸道进入肺部,将引起头痛、恶心、咳嗽、胸闷和胸痛,甚至引起焊工尘肺、金属热和锰中毒职业病,严重危及作业人员的身体健康。

(3)氩弧焊使用的钨极材料中的钍、铈等稀有金属带有放射性元素,尤其在修磨电极时产生放射性粉尘,接触较多,容易造成中枢神经系统疾病和血液系统疾病。

(4)焊工在气焊、气割作业中会受到焊粉和氧化物蒸气的侵蚀。特别是在密闭容器、管道内焊补操作时更容易造成中毒。

(5)等离子弧焊接(切割)过程中伴随大量的金属蒸气、臭氧、氮化物。由于气流大,工作场地上的灰尘扬起,这些烟气与灰尘混合进入呼吸道、肺部严重影响焊工的身体健康。

二、有害气体风险辨识

1. 概述

有害气体是在焊接电弧高温和强烈紫外线作用下,在弧区周围形成多种有毒气体,其中主要有臭氧、氮氧化物、一氧化碳和氟化氢等。

2. 风险辨识

(1)在采用明弧焊(手工电弧焊)时,焊条、焊件及周围的空气产生大量的有害气体,其中主要有臭氧、碳氧化物。导致焊工氟中毒、锰中毒、电焊尘肺。

(2)氩弧焊时弧柱温度高,紫外线强烈辐射下,会产生对人体有害的臭氧和氮氧化物。

(3)在密闭或狭小的舱室长时间进行二氧化碳气体保护焊容易一氧化碳中毒。

(4)在容器或狭小部位进行碳弧气刨时,由于碳棒表面镀铜,因此烟尘中含有氧化铜,引起焊工中毒。

三、预防措施

(1)选用成熟的隐弧焊代替明弧焊,降低污染。

(2)焊接前清理焊件上的油污,使用低尘、低毒材料防有害气体及烟尘。

(3)选用机械化程度高、环保性能可靠的焊接设备。

(4)氩弧焊作业时,尽可能采用放射剂量低的铈钨极。

(5)磨钍钨极时,必须戴口罩、手套。

(6)钍钨棒使用后应存放在铅盒内,妥善保管。

(7)在焊接车间采用全面通风和局部排风的治理。

(8)焊工在密闭、狭小管道等部位焊补时,全面通风换气,尽量采用移动式局部排风机。

(9)焊工在密闭、狭小空间内作业时,可安排替换(轮班)上岗。

(10)作业人员根据特殊场所选用针对性强的个人防护用品(头盔、面罩、防护眼镜、口罩、工作服)。

(11)焊工定期进行健康检查。

第五节　焊接噪声与振动的危害辨识

一、概述

1. 焊接噪声

焊接噪声是焊接操作过程或焊接机械运转过程所产生的噪声。焊接噪声主要包括以下三类：

（1）机械性噪声　由于焊接机械的撞击、摩擦、转动而产生的噪声。

（2）电磁性噪声　焊接作业时，交替变化的电磁场激发金属零部件和空气作周期性振动而产生噪声。

（3）流体动力性噪声　在焊接操作过程中，由于气压突变或气流流动而产生噪声。

2. 焊接振动

焊接作业中使用焊接设备，机械部件之间或部件与气流之间产生摩擦、相互撞击产生频率性振动，如等离子弧焊割作业。

二、风险辨识

1. 焊接噪声危害

焊接时的噪声有时可高达 100 dB(A)，焊工的听觉系统受到损伤，对人体的神经系统、心血管系统造成不良循环，还可导致神经衰弱、心血管疾病发生，使人体的消化系统及内分泌紊乱。焊接噪声直接影响作业人员的身心健康，易患职业病。

2. 焊接振动的危害

焊接振动对焊工的危害以局部振动为主，局部振动对人体神经系统、心血管系统、肌肉和骨关节及听觉都有损伤，可能引起血压、心率和脑血管、血流图异常，容易造成疲劳、注意力分散、骨节变形、骨质增生或骨质疏松、听力下降及神经衰弱症状；焊工长期受到强烈振动影响，还引起肢端血管痉挛，上肢周围神经末梢感觉障碍等疾病。

三、防护措施

（1）在焊接厂房装上吸声或隔声材料，吸声降噪。

（2）在焊接车间设置隔声屏障或隔声罩，隔声降噪。

（3）作业人员佩戴隔音耳罩或隔音耳塞，减少对听觉系统的危害。

（4）焊工在等离子喷焊、喷涂、切割作业可以安排中间休息，减少噪声及振动的危害。

（5）等离子切割可以采取水中切割方法，利用水来吸收噪声。

（6）厂房、车间内的焊接噪声按《国家噪声标准》规定，稳定噪声不能超过 85 dB(A)，如果超过 85 dB(A)应减少工作时间，最高不能超过 115 dB(A)。

（7）采用自动化焊接设备、改进焊接工艺、选择低噪声的工作参数，降低焊接噪声和振动。

第六节　机械性伤害辨识

一、概述

机械性伤害是工人在进行机械作业过程中受到来自机械设备方面的危险（威胁）而造成的人身伤害。机械性危险包含静止的危险、线运动的危险、旋转运动的危险、飞出物击伤的危险。

1. 静止的危险

设备处于静止状态时存在的危险即当人接触或与静止设备做相对运动时可引起的危险。包括：

（1）切削刀具有刀刃。

（2）机械设备突出的较长部分，如手柄、吊钩、螺栓。

（3）毛坯、工具、设备边缘锋利和粗糙表面。

（4）引起滑跌的工作平台，尤其是平台有水或有油时更危险。

2. 线运动的危险

做直线运动的机械所引起的危险，分为接近式的危险和经过式危险。

（1）接近式的危险　机械进行往复的直线运动，当人处在机械直线运动的正前方而未及时躲让时将受到运动机械的撞击或挤压。

（2）经过式的危险　人体经过运动的机械部件引起的危险。

3. 机械旋转运动的危险

人体或衣服被卷进旋转机械部位引起的危险。包括：

（1）卷进单独旋转运动机械部位中的危险，如磨削砂轮。

（2）卷进旋转运动中两个机械部件间的危险，如相互啮合的齿轮。

（3）卷进旋转机械部件与固定构件间的危险，如砂轮与砂轮支架之间。

（4）卷进旋转机械部件与直线运动部件间的危险，如皮带与皮带轮之间。

（5）旋转运动加工打击或绞扎的危险，如伸出机床的细长加工件。

（6）旋转运动件上凸出物的打击的危险，如凸轮机构皮带上的金属皮带扣。

（7）孔洞部分有些旋转零部件，有孔洞存在具有更大的危险性，如风扇、叶片、飞轮。

（8）机器旋转和直线运动引起的复合运动产生的危险，如凸轮传动机构。

4. 机械飞出物击伤的危险

工人在操作中，飞出的刀具、机械部件、切削丝（粉末、粉渣）、工件等，如未夹紧的刀片、紧固不牢的接头或工件、破碎的砂轮片、连续排出的切削。

二、焊割作业中机械性伤害风险辨识

焊接（焊割）作业机械性伤害主要受到来自接触方面的伤害。在运动机械和静止设备上操作人员往往是割伤、砸伤、擦伤、碰撞及剐蹭。机械性伤害的后果是轻伤、重伤或危及生命，主要包含以下几个方面：

1. 焊接（割）设备的机械系统出故障造成操作人员的危险。如焊工操作中，气体保护焊设备的送丝轮结构出现故障而夹伤焊工手指。

2. 焊工在进行操作中使用的焊接工装夹具、工件飞出伤人的危险。如自动埋弧焊设备的工夹具未紧固,飞出伤人。

3. 焊工使用旋转的机械时受到危险。如焊工在磨削工件时砂轮裂纹飞出伤人。

4. 焊工操作不当受到机械气动压力的挤压的危险。如电阻焊接时操作失误,点焊机气压(液压)冲头直接挤压伤人。

5. 焊工在焊接作业中被工件的毛刺、锐边等划伤、扎伤。

6. 焊工在清理工作时受到的危险。如焊工清理焊道熔渣时,焊渣飞溅伤害眼睛、手。

7. 工作人员在搬运、装配、固定机械设备或工件时被压伤、撞伤。

三、焊割作业机械性伤害预防措施

1. 采用机械化、全自动化和遥控技术。

2. 使用安全性系数较高的机械设备。

3. 机械设备、构件必须加(有)安全防护装置和断电保护装置。

4. 焊接转台的机械传动部分,必须设有防护罩。

5. 焊件必须放置平稳,特殊形状焊件应用支架或电焊胎夹具保持稳定。

6. 焊接圆形工件的环形焊缝,不准用起重机吊转工件施焊,也不能站在转动的工件上操作,以防跌落摔伤。

7. 工作前必须检查机械设备、装置有无故障、裂纹、破损,确定安全方可操作。

8. 焊工必须正确使用辅助工具,清理(铲)焊渣时戴护目镜。

第七节　高处与水下焊接与热切割作业危害

一、高处焊接与热切割作业

(一)概述

焊工在高度基准面 2 m 以上(包括 2 m)的高处进行焊割作业,称高处(或称登高)焊接与热切割作业。

我国将高处作业列为危险作业,并列为四级:一级高度:2～5 m;二级高度:>5～15 m;三级高度:>15～30 m;四级高度:>30 m。

(二)风险辨识

高处焊接与热切割作业将高处作业和焊接与热切割作业的危险因素叠加起来,增大了危险系数,增加了危险性。主要危险是:

1. 高处焊割作业触电导致坠落。

2. 高处焊割作业失足导致坠落。

3. 高处焊割作业导致火灾爆炸。

4. 高处焊割作业物体打击导致坠落。

（三）预防措施

1. 预防高处焊割作业触电导致坠落的事故

（1）焊工在高处焊割作业接近高压线、裸导线或低压线,当距离小于安全距离时必须停电,采取安全防范措施后确认无危险,经批准方能操作。且切断电源后,悬挂"有人工作,严禁合闸"字样的安全警告牌,并安排专人安全监护。

（2）高处焊割作业时,应设有监护人对焊工密切注意,发生危险征兆立即切断电源、及时营救、快速汇报领导。

（3）焊割作业前,应仔细检查焊钳和电缆及其接头的绝缘是否良好,供气胶管与焊割炬的接头是否牢固。

（4）焊工不得将焊接电缆缠绕在身上,也不能将供气胶管缠绕在身上操作,以防行动不便造成坠落、触电及回火等,从而发生着火和爆炸。

（5）不得使用高频振荡器引弧装置,以防因高频高压电击而失足坠落。

2. 预防高处焊割作业失足坠落的事故

（1）进入高处作业区前,必须穿戴好安全帽、安全服防护用品。使用安全可靠的安全带,（不得使用尼龙安全带或尼龙绳）。安全带的长度不小于 2 m。

（2）使用符合安全要求的梯子,并放置牢固。单人梯放置时与地面的夹角应小于 60°,使用人字梯时,其夹角在 40°±5° 为宜,并用限跨铁钩挂牢,且高度不应超过 2.5 m,不准两个人在一个梯子上（或人字梯一侧）同时工作。

（3）所搭设的脚手架应设防护杆,脚手板捆扎牢固,脚手架应平稳并安全可靠。脚手板单程人行道宽度不得小于 0.6 m,双程人行道宽度不小于 1.2 m,脚手板上下坡度不得大于 1∶3,板面要钉防滑条,禁止在板上加垫木箱、油箱等物体进行焊割作业。

（4）洞口、临边、交叉作业、悬空作业,按规范使用安全帽、安全带、安全网,并严格加强防范措施减少高空坠落事故的发生。

（5）架设安全网,使用安全网时,要张挺且不留缺口,应层层翻高。要经常检查安全网的质量,确保安全可靠。

（6）遇到 6 级以上大风或雷雨、暴雪、大雾恶劣天气时,禁止焊接与热切割作业。

（7）焊工高处作业必须经过健康检查合格,凡患有高血压、心脏病、精神病、恐高症和癫痫等疾病以及医生诊断不能登高者,一律不得从事高处焊接与热切割作业。

3. 预防高处焊割作业导致火灾爆炸的事故

（1）在易燃易爆场所进行高处焊接与热切割作业,必须按有关规定办理动火手续,采取安全措施,经批准后方能进行高处焊接与热切割作业。

（2）焊割作业点周围及下方火星、熔渣飞溅可能涉及的范围内,不得有易燃易爆炸物品。一般在作业下方地面 10 m 范围内,应有隔挡设施,并设专人监护。必要时应设接火装置。

（3）作业现场必须配置足够的消防器材。

（4）必要时要安排专人进行监护。

4. 预防高处焊割作业物体打击导致坠落的事故

（1）作业时所用焊条、工具、零件等必须设有专门存放装置,不得随意乱放,以防滑落伤人。

（2）作业过程中,所用的工具、材料、焊条等物件不得随意抛掷,应使用工具包进行安全递送,以免砸伤或烫伤现场人员。

（3）在进行结构点焊初始阶段，要防止尚未焊牢，因焊件脱落击伤配合人员。在对结构进行切割时，在被切割部分与主体脱离前要采取可靠措施，以防脱离时被切割件砸伤或压伤他人。

（4）在立体交叉作业现场，应进行隔离，焊工要做好头部防砸、颈部防烫的个体保护，焊工可佩戴组合式安全帽。这种安全帽把焊工面罩安装组合在安全帽上，可装可拆，防护效果较好。

二、水下焊接与热切割作业

（一）概述

焊工在水下进行焊割作业，称水下焊接与热切割作业。水下焊接（切割）作业的方法包括电弧焊接、电弧熔割、电弧氧气切割、氧氢热切割。

（二）风险辨识

水下焊接（切割）作业是潜水作业和焊接（切割）作业相互交叉综合性的作业，其操作环境恶劣，要比陆地上具有更大的危险性。主要危险是潜水事故、触电事故、爆炸事故、灼烫事故。

（三）预防措施

1. 下水前焊接（切割）的准备
（1）了解被焊接（热切割）工件的性质、结构和特点，并采取安全对策。
（2）查明作业区水深、天文、气象参数及周围环境的状况和特征，综合分析后落实安全措施。当水面风力超过 6 级，作业区水流速度超过 0.1 m/s 时，禁止水下焊接（切割）作业。
（3）潜水焊工不得悬浮在水中作业，应在安全位置设置可靠的操作平台。
（4）应采用可靠的监控措施。潜水焊工与水面工作人员之间保持可靠的通讯联络或快递信息传递措施。
（5）所有使用器具都要严格认真检查。焊接（切割）割炬要做绝缘、水密性试验和工艺性能检查。氧气管要用 1.5 倍工作压力的蒸汽或热水清洗，胶管内外不得沾油脂，气管与电缆每隔 0.5 m 要捆扎牢固，焊工入水后要整理好供气管、电缆、设备、工具和信号绳等，使其处于安全位置，不得混乱堆放在一起。任何情况下，不得让熔渣溅落在潜水装置上，或将这些装置砸坏。
（6）工作前要移去周围的障碍物，使其焊工处于安全位置。
（7）焊前一切准备工作就绪，安全措施全面落实，确保安全，可向有关领导报告正式批准后，方可作业。

2. 防止触电安全措施
（1）水下电弧焊接或切割的电源必须使用直流电，禁止使用交流电。
（2）与潜水焊工直接接触的控制电器必须使用可靠的隔离变压器并有过载保护，其使用电压工频交流时不得超过 12 V，使用直流时不得超过 36 V。
（3）焊接回路应设置切断开关，一般可用单刀闸刀开关，亦可选用专用的水下焊接和切割自动切断器。
（4）所有设备、工具要具有良好的绝缘和防水性能。绝缘电阻不得小于 1 MΩ（焊接与热切割钳不小于 2.5 MΩ）。要有防海水、大气和盐雾腐蚀措施。
（5）潜水焊工进行操作时，必须穿专用防护服，戴专用手套。

（6）更换焊条或剪断焊丝时，必须先发出信号，待关断电源后，方可操作。严禁带电更换焊条和剪断焊丝。

（7）引弧、续弧过程中，应避免双手接触工件、地线和焊条。

（8）注意接地线位置，潜水焊工面向接地点，严禁背向接地点，且不要使自己处于工作点和接地线之间。

（9）在带电结构（有外加电流保护的结构）上进行水下焊割时，应先切断结构上的电源。

3. 防爆安全措施

（1）对储油罐、油管、储气管和密闭容器及其附件等进行水下焊割时，在焊割前对设备内的物料进行彻底检查，必须遵守易燃易爆容器焊接与热切割安全技术规定，妥善消除易燃易爆物质，采取可靠安全措施，经批准后方可水下施工。

（2）在采用氧气与氢气或丙烷（液化石油气）火焰进行水下热切割时，应先从距离水面最近的部位向下切割。

（3）水面和水下所有工作人员，任何时候都要注意观察并防止液体或气体介质的泄漏，以防在水面聚集引起着火或导致中毒、污染等事故。

（4）为防止因水下点火和热切割过程中发生的回火引起爆炸，除在供气总管时安装回火防止器外，还应在割炬柄与供气管之间安装防爆阀。防止可燃气体倒流入管和防止火焰通过逆止阀，可使火焰熄灭。

（5）严禁利用油管、船体、缆索和海水等作为焊接回路和其他控制电器回路的导体。

4. 预防灼烫安全措施

（1）为防止高温熔滴、熔渣及其飞溅物烫伤潜水焊工或烧坏潜水服、潜水装具及供气管，应尽量避免仰面焊接（热切割），且潜水装置和供气管应避免高温区。

（2）未经特别许可，潜水焊工不得携带已点燃的割炬下水，以防带火下水中烧伤人员和烧坏潜水装置。

（3）在水下要防止焊工下跌，以免导致水压超过气压，而将火焰压入割炬，造成回火。

（4）不要将供气软管夹在腋下或两腿之间，防止回火爆炸，击穿、烧坏潜水服造成人身伤害。

（5）水下强烈的弧光仍然会伤害眼睛。潜水焊工着重装具进行操作，应根据各人的视力情况，选戴适当的护目镜。着轻装具操作时，可佩戴软性触摸接触镜。

5. 水下焊接与热切割作业人员资格认定

（1）进行水下焊接与热切割的作业人员，必须经过专门技术业务培训，掌握《水下焊接与热切割中的安全》及潜水有关规定，经严格考试，确认合格。

（2）必须是在岗持证合格焊工。

（3）身体健康，具有水下焊接（切割）作业知识与技能。

第八节　热、光、电磁场的危害

在焊接过程中产生影响人体健康的化学有害污染主要是电焊烟尘、有害气体。而且还存在物理有害污染，包括热辐射、弧光辐射、高频电磁场等。

一、热辐射

1. 危害辨识

焊接作业场所由于焊接电弧、焊件预热以及焊条烘干等热源的存在,在焊接过程中会产生大量的热辐射。热辐射会导致焊工皮肤金属化、高温灼伤、热虚脱和中暑。

(1)焊工皮肤金属化   由于电弧的温度极高(中心温度可达 6 000～10 000 ℃)可使其周围的金属熔化,热烟尘蒸发可飞溅到皮肤表层使皮肤金属化。金属化后的皮肤表面变得粗糙坚硬,肤色与金属种类有关。或灰黄(铅)、或绿(纯铜)、或蓝绿(黄铜)。金属化后的皮肤经过一段时间会自动脱落,一般不会留下不良后果。

(2)高温灼伤   因焊接过程中会产生电弧、金属熔渣,极为炽热。尤其是在高处进行焊接时电焊火花飞溅,如果焊工焊接时没有采取防护隔离措施,易造成焊工自身或作业面下方施工人员皮肤灼伤。

(3)热虚脱和中暑   焊工在炎热环境下或在狭小空间内工作易致热虚脱和中暑。通常焊接时,工作人员需要穿防护服来防御其他伤害,但这更容易导致热虚脱和中暑的发生。

2. 预防措施

(1)加强通风   采用自然通风、全面通风、局部机械通风技术措施进行通风换气。在锅炉、舱室、狭小空间内焊接时,应不断输送新鲜空气来降温和降低烟尘浓度。

(2)改革工艺   采用单面焊双面成型工艺,用自动焊代替手工焊。

(3)进行隔热   在工作间的墙上涂覆热能吸收材料,设置气幕进行隔热。

(4)隔热材料遮盖   在预热焊件时,可将炽热的金属焊件用石棉板之类的隔热材料遮盖起来,仅仅露出焊接与热切割部分。

(5)加强个人防护   根据工艺要求、工作地点、工作环境,正确选择穿戴个人劳动防护用品。

(6)预防中暑   在高温季节作业,要保证清凉饮料的供应,预防中暑事故。

二、弧光辐射

1. 概述

焊接时电弧温度达 4 000 ℃以上,同时产生弧光辐射,属于热线谱。光辐射波长越短,辐射能量越大,对人体作用越大。强烈的弧光辐射主要来自明弧焊割作业,明弧光包含可见光线、红外线、紫外线。

2. 风险辨识

(1)明弧焊的可见光   比人肉眼可承受的光线亮度大 10 000 倍,易晃眼。当人受到可见光线的过度照射,引起眼睛疼痛、红肿、流泪。

(2)红外线   红外线照射人的眼部迅速产生灼伤灼痛,形成闪光幻觉感,等离子弧焊红外线辐射强度大于氩弧焊,氩弧焊红外线强度大于手工焊。长时间接触红外线会导致眼睛失明。

(3)紫外线   紫外线对人的机体具有较明显的生物学效应,主要造成对皮肤和眼睛的伤害。

① 紫外线对皮肤的影响:不同波长的紫外线为皮肤不同深度组织所吸收,皮肤受到强烈紫外线照射后引起弥漫性红斑,出现黏水泡、渗出液、浮肿、有烧灼感、发痒。

② 紫外线对眼睛的伤害:紫外线过度照射后,使眼睛产生急性角膜炎,其结果是导致焊工电光眼炎。

3. 预防措施

(1) 加强个人防护　焊接时要穿防护服、戴焊接手套、配有特殊护目玻璃的面罩或专用手持式面罩;严禁在近处直接观看弧光;不得任意更换滤光镜片的色号。

(2) 设置防护屏　在小件的固定焊接场所设置防护屏等。

(3) 采用吸收材料作室内墙壁的饰面,以吸收弧光,并要尽量减少弧光的反射与折射。

(4) 在工艺许可时,应保证足够的防护间距。

(5) 改进工艺,使焊工可在远距离操作,以减少弧光辐射。

三、高频电磁场

1. 概述

钨极氩弧焊、等离子弧焊与切割引弧时要采用高频振荡器,振荡器产生强烈的高频振荡,击穿钨极与喷嘴之间的空气隙,引燃等离子弧。另外,有一部分能量以电磁波的形式向空间辐射,形成了高频电磁场。它对局部环境造成污染,对人体造成危害。电磁场对人体的伤害作用是功能性的并具有滞后性特点,即伤害是逐渐积累的,脱离接触后症状会慢慢消失,但是在高强度电磁场作用下长期工作,一些症状可能持续成为疾病,对人的影响有可复性。高频电磁辐射强度取决于高频设备的输出功率、高频设备的工作频率、高频振荡器的距离、设备以及传输线路有无屏蔽。

2. 危险辨识

高频电磁场的危害是指在高频电磁场的作用下器官组织及其功能将受到损伤,焊工长期接触高频电磁场能引起自主神经功能紊乱和神经衰弱,表现为全身不适、头昏头痛、疲乏、食欲不振、失眠及血压偏低等症状。如果仅是引弧时使用高频振荡器,因时间较短,影响较小,但长期接触是有害的。

3. 预防措施

(1) 不使用高频振荡器作稳弧装置,引燃电弧后立即切断高频电源,尽量减少引弧次数。

(2) 将工件良好接地。

(3) 引弧频率选择在 $20\sim60$ kHz。

(4) 有条件时,将焊机输出电缆(焊枪电缆和地线)用金属屏蔽。

(5) 加强通风降温、控制作用场所的温度、湿度,减少高频电磁场辐射。

附录一：考试题库

一、判断题

(   )1. 流量太小,容易变成紊流,使空气卷入,也会降低保护效果。

(   )2. 干粉灭火器出厂时间达到或超过 6 年时应报废。

(   )3. 转移型等离子弧一般用于非金属材料的焊接与切割。

(   )4. 钨极氩弧焊需要选择不同类型的钨极来适应不同种类的金属焊接。

(   )5. 等离子弧切割电流的大小与割口宽度呈正比例关系。

(   )6. 钨极盒弧焊可以在焊接过程中同时使用多个电极,以提高焊接效率。

(   )7. 二氧化碳气体保护焊使用粗焊丝大电流焊接时,电弧对熔池产生较大的压力,容易出现凹坑。

(   )8. 气割是利用气体火焰(称预热火焰)将钢铁材料进行切割的一种方法。

(   )9. 在规定的条件下,可燃物质产生自燃的最低温度称为自燃点。在这一温度时,物质与空气(氧)接触,不需要明火的作用就能发生燃烧。

(   )10. 钨极氩弧焊可以用于焊接不锈钢管道,在使用时应尽量选择放射性小的钨极材料。

(   )11. 氩弧焊机使用前应检查供气、供水系统,不得在漏水漏气的情况下运行。

(   )12. 气焊与气割的火焰温度高达 3 000 ℃以上。

(   )13. 防止毒物危害的最佳方法是使用无毒或低毒的代替品

(   )14. 焊工打磨钍钨极,应在专用的良好通风装置的砂轮上或在抽气式砂轮上进行。

(   )15. 钨极氩弧焊焊使用的电流种类不包括直流正接。

(   )16. 气割的工艺参数主要是根据切割速度来确定的。

(   )17. 职工发生工伤事故后,用人单位未在《工伤保险条例》规定的时限内提交工伤认定申请的,在此期间发生符合规定的工伤待遇等有关费用由用人单位负担。

(   )18. 乙炔的自燃点低,在一定条件下,很容易因分子的聚合而分解,但不易发生着火、爆炸。

(   )19. 与气瓶接触的管道和设备要有接地装置,防止产生静电造成燃烧或爆炸。

(   )20. 普通橡胶导管和衬垫可用做液化石油气瓶的配件。

(   )21. 氧气不能燃烧,但能助燃,是强氧化剂,与可燃气体混合燃烧可以得到高温火焰。

(   )22. 气瓶使用时,为便于本单位人员辨认,可以更改气瓶的钢印和颜色标记。

(   )23. 气瓶投入使用后,不得对瓶体进行挖补,但可焊接修理。

（　　）24. 利用热能使金属材料分离的工艺称为热切割。

（　　）25. 外部明火导入管道内部，如：管道附近明火的导入以及与管线相连的焊接工具因回火导入管内，可引起管道燃烧爆炸。

（　　）26. 液化石油气瓶，使用未超过 20 年的，每五年检验一次；超过 20 年的，每两年检验一次。

（　　）27. 发展决不能以牺牲安全为代价，这必须作为一条不可越的红线。

（　　）28. 二氧化碳气体保护焊不能替代焊条电弧焊和埋弧焊。

（　　）29. 二氧化碳气体保护焊可用于汽车、船舶、机车车辆、集装箱、矿山及工程机械等。

（　　）30. 乙炔减压器使用压力不得超过 0.15 MPa，输气流量不超过 1.5～2.0 m^3/(h 瓶)。当需要用较大气量时，可将多个乙炔瓶并联起来用。

（　　）31. 在氩气中加入适量的二氧化碳和氧气可以作为混合气体保护的保护气体。

（　　）32. 低碳钢的含碳量为 0.25%～0.4%。

（　　）33. 焊接热影响区中各个区域与母材相比，性能不同，但组织基本相同。

（　　）34. 电击是电流对人体造成的外伤。

（　　）35. 不锈钢可以用火焰切割的方式进行加工。

（　　）36. 碳弧气刨操作时，对 12～20 mm 厚的低碳钢板，用直径 8 mm 碳棒，最深可切到 7.5 mm，最宽可切到 13 mm。

（　　）37. 气体保护焊时，氢气只能与氧气混合，不能与其他气体混合，否则特别容易出现危险。

（　　）38. 空气具有可压缩性，经空气压缩机做机械功使本身体积缩小、压力提高后的空气叫压缩空气。

（　　）39. 在压缩机装备上设有经校验合格的压力表就可以避免超压而引起爆炸。

（　　）40. 氧化碳气体保护焊，采用粗焊丝焊接的气体流量应比细焊丝焊接的气体流量大。

（　　）41. 常用的热处理工艺方法主要有淬火、回火、正火、退火。

（　　）42. 生产经营单位应当具备《安全生产法》和有关法律、行政法规和国家标准或者行业标准规定的安全生产条件；不具备安全生产条件的，不得从事生产经营活动。

（　　）43. 低碳钢的焊接性良好，是钢结构中广泛应用的材料。

（　　）44. 二氧化碳焊焊接时，用纯 CO_2 作保护气体其焊缝成形很好。

（　　）45. 在光线不足的较暗环境焊接，必须使用手提工作行灯，一般环境使用的照明灯电压不超过 36 V，在潮湿、金属容器等危险环境照明行灯电压不得超过 16 V。

（　　）46. 碳弧气刨是利用碳极电弧的高温，把金属局部加热到熔化状态，同时用压缩空气的气流把熔化金属吹掉，从而达到对金属进行去除或切割的一种加工方法。

（　　）47. 二氧化碳气体保护焊电源采用直流正接时产生的飞溅要比直流反接时严重得多。

（　　）48. 对接接头的焊接位置可分为立焊、横焊、仰焊和平焊。

（　　）49. 压缩空气的流量过大时，将会使被熔化的金属温度降低，而不利于对所要切割的金属进行加工。

（　　）50. 电弧刨割条（碳棒）的外形与普通焊条相同，是利用药皮在电弧高温下产生的喷射气流，吹除熔化金属、达到刨割的目的。

（　　）51. 在生产区进行焊接与切割作业及在易燃易爆场所使用喷灯、电钻、砂轮等进行可能产生火焰、火花和赤热表面的临时性作业都称为动火作业。

（　　）52. 二氧化碳气体中不含氢，所以 CO_2 气体保护焊时，不会产生氢气孔。

（　　）53. 二氧化碳气体保护焊施工作业场地的风速应较小，必要时可采取防风措施。

（　　）54. 直流反接适合于焊薄件。

（　　）55. 用碳弧气刨来加工焊缝坡口，不适用于开"U"形坡口。

（　　）56. 在生产、作业中违反有关安全管理的规定，因而发生重大伤亡事故或者造成其他严重后果的，对负有组织、指挥或者管理职责的负责人、管理人员追究刑事责任，但基层员工可以不必担责。

（　　）57. 二氧化碳气体保护焊时，由于使用二氧化碳气体作为保护气体，会导致 CO_2 气孔的产生。

（　　）58. 低温回火后钢材的硬度会稍有降低，韧性会有所提高。

（　　）59. 焊接电弧的稳定性是指电弧保持稳定燃烧不产生断弧、飘移和磁偏吹等的程度。

（　　）60. 电焊机外壳必须有可靠的接地（接零）保护，其电源的装拆应由电工进行。

（　　）61. 电渣焊焊接接头必须通过焊后热处理，才能改善接头的力学性能。

（　　）62. 依据《安全生产法》，任何单位和个人不得阻挠和干涉对事故的依法调查处理。

（　　）63. 电渣焊与埋弧焊相比，抗气孔的能力要好得多。

（　　）64. 进行电渣焊时，如有短路发生，应立即停止焊接，但不一定要切断电源。

（　　）65. 气焊和气割的火焰温度高达 3 200 ℃ 以上。

（　　）66. 焊接机器人应定期检查、保养、清洁，需要用潮湿的抹布擦拭机器人、示教器和控制。

（　　）67. 火焰切割按加热气源的不同可分为：氧乙炔气割、波化石油气切割、氢氧源切割和氧溶剂切割。

（　　）68. 焊接作业现场应备有灭火器材，其中最常用的灭火器材是干粉灭火器，适合用于扑灭固体火灾、波体火灾、气体火灾、带电火灾。

（　　）69. 人员密集场所发生火灾，该场所的现场工作人员应当立即组织、引导在场人员疏散。

（　　）70. 焊条焊接时，焊芯的化学成分，不会影响焊缝的质量。

（　　）71. 焊接机器人的编程方式有两种：离线编程和在线编程。

（　　）72. 进行碳弧气刨操作时电弧切割时噪声较大操作者应戴耳塞。

（　　）73. 摆动焊接时，焊枪在摆动到两端点时均可以设置停留时间。

（　　）74. 进行碳弧气刨操作时，使用的电流较大，应注意防止焊机过载和长时间使用而过热。

（　　）75. 在密闭金属容器、狭小空间、阴暗潮湿等特殊环境施焊时，应通风良好，照明电压不得大于 36 伏，并应有专人监护。

（　　）76. 为加强防盗工作，企业可以对人员密集场所的窗户加设封闭式防盗窗。

（　　）77. 依据《中华人民共和国消防法》，对因参加扑救火灾或者应急救援受伤、致残或者死亡的人员，按照国家有关规定给予医疗、抚恤。

（　　）78. 碳弧气刨的操作，开始切割前，要检查电缆及气管是否完好，电源极性是否正确。

（　　）79. 熔化焊设备电网供电参数必须为 380 V、50 Hz。

（　　）80. 送风盔式面罩风源应是经过净化的新鲜空气，可以用氧气来代替，给工人提供良好的工作环境。

（　　）81. 依据《中华人民共和国消防法》违反规定使用明火作业或者在具有火灾、爆炸危险的场所吸烟、使用明火的，处告或五百元以下罚款，情节严重的，处五日以下拘留。

（　　）82. 焊条电弧焊所用焊机的种类一般包括交流弧焊机、直流弧焊机、弧焊整流器、逆变弧焊机。

（　　）83. 进入设备、容器内部、狭小舱室内作业，为保持空气新鲜，应采用氧气通风以防止窒息。

（　　）84. 氩弧焊使用的钨极材料中的钍、铈等稀有金属没有放射性。

（　　）85. 从开关板到焊机的导线并非愈短愈好。

（　　）86. 锰中毒发病很慢，有时甚至有 20 年。

（　　）87. 电缆的橡胶包皮应伸入到电焊钳柄内部，使导体不外露，起到屏护作用。

（　　）88. 强令他人违章冒险作业，或者明知存在重大事故隐患而不排除，仍冒险组织作业，因而发生重大伤亡事故或者造成其他严重后果的，处五年以下有期徒刑或者拘役；情节特别恶劣的，处五年以上有期徒刑。

（　　）89. 焊机可以和大吨位冲压机相邻安装。

（　　）90. 清除焊渣时，应戴防护眼镜。

（　　）91. 空载试验和短路试验要求有专门的试验设备才能进行。

（　　）92. 在生产、作业中违反有关安全管理的规定关闭、破坏直接关系生产安全的监控、报警、防护、救生设备、设施，虽然具有发生重大伤亡事故或者其他严重后果的危险，但实际上却侥幸尚未发生事故，则不会被追究刑事责任。

（　　）93. 焊条电弧焊中，由于平焊时熔深较大，所以横、立、仰焊位置焊接时焊接电流应比平焊位置大 10%～20%。

（　　）94. 李某为提高生产效率、增加工资收入，违反有关安全管理的规定，关闭了安全防护装置，这种行为会带来发生重大伤亡事故的现实危险，所幸的是没有发生生产安全事故所以李某不会被追究刑事责任。

（　　）95. 钍钨棒是最常用且无放射性的钨极。

（　　）96. 焊接电缆横穿马路时应加保护套。

（　　）97. 危险物品，是指易燃易爆物品、危险化学品、放射性物品等能够危及人身安全和财产安全的物品。

（　　）98. 用手工电弧焊焊接镀锌铁板时，产生的烟尘较强。

（　　）99. 焊条电弧搭接平角焊时，焊条与下板表面的角度应随下板的厚度增大而增大。

（　　）100. 熔透型等离子弧焊主要用于薄板单面焊双面成形及厚板的多层焊。

（　　）101. 长时间处于噪声环境下工作的人员应戴上护耳器，以减小噪声对人体的危害程度。

（　　）102. 气焊或气割使用的气体发生器都属于压力容器，不可能造成爆炸和火灾事故。

（　　）103. 当自然接地电阻超过 4 Ω 时，应采用人工接地极。

（　　）104. 等离子弧切割电流增大使弧柱变粗，切口变宽，易形成"V"形割口。

（　　）105. 等离子弧焊接和切割操作时，如果启动开关装在手把上，必须将外露开关套上绝缘橡胶管，避免手直接接触开关。

（　　）106. 对可能发生急性职业损伤的有毒、有害工作场所，用人单位应当设置报警装置，配置现场急救用品、冲洗设备、应急撤离通道和必要的泄险区。

（　　）107. LUP-300 型及 LUP-500 型等离子弧粉末焊机电弧电流的调节范围较小。

（　　）108. 硫酸对人体和设备有危险，稀释时要向水中加酸搅拌，不能向酸中加水，以防飞溅。

（　　）109. 特种作业人员应当学习和掌握相关的职业卫生知识，增强职业病防范意识。

（　　）110. 等离子弧切割时，栅格上方可以安装排风装置，但下方不能安装。

（　　）111. 焊机的接地电阻可用打入地下深度不小于 1 m，电阻不大于 4 Ω 的铜棒或铜管做接地板。

（　　）112. 置换焊补时，若隔绝工作不可靠，不得焊割。

（　　）113. 将 220 V 的变压器接到 380 V 的电源上不会造成安全事故。

（　　）114. 用人单位对从事接触职业病危害作业的劳动者，应当给予适当岗位津贴。

（　　）115.《工伤保险条例》规定，用人单位应当将参加工伤保险的有关情况在本单位内公示。

（　　）116. 脱离低压电源的方法可用"拉、切、挑、拽"四个字概括。

（　　）117. 目前只有 12 V、24 V、36 V 三个安全电压等级。

（　　）118. 脚手板宽度单人道不得小于 0.6 m。

（　　）119. 埋弧焊一般采用粗焊丝，电弧具有上升的静特性曲线。

（　　）120. 在使用等离子弧切割机时，必须保持切削喷嘴的内径越小越好。

（　　）121. 等离子弧切割机所使用的电源通常是交流电源。

（　　）122. 在仰弧或仰位置切割时，为了防止火星、熔渣从高处溅落到头部和肩上，焊工应当在颈部围毛巾，穿戴用防燃材料制成的护肩、长套袖、围裙和鞋盖。

（　　）123. 生产经营单位应当针对本单位可能发生的生产安全事故的特点和危害，进行风险辨识和评估，制定相应的生产安全事故应急救援预案，并向本单位从业人员公布。

（　　）124. 凡与大地有可靠接触的金属导体，均可作为自然接地体。

（　　）125. 生产经营单位未制定生产安全事故应急救援预案、未定期组织应急救援预案演练、未对从业人员进行应急教育及培训，生产经营单位的主要负责人在本单位发生生产安全事故时不立即组织抢救的，由县级以上人民政府负有安全生产监督管理职责的部门依照《中华人民共和国安全生产法》有关规定追究法律责任。

（　　）126. 一煤气管道需焊补，置换后进行取样分析合格，但由于焊机故障，一个小时后修复，焊机正常后可进行焊补作业。

（　　）127. 赵某初中毕业后就业，在平时的工作中自学了很多焊接方面的技术知识，打算申领焊接与热切割作业《特种作业操作证》，依据《特种作业人员安全技术培训考核管理规定》，赵某可以不参加相应的安全培训，直接申请考试。

（　　）128. 2 m 直径煤气管道上方需要焊补，小明看无处固定安全带，就直接在管道上焊了一个圆环作为安全带固定点。

（　　）129. 乙炔微溶于水，溶于乙醇、丙酮等，其化学性质很活泼，能起加成、氧化等反应，在波态和固态下或在气态和一定压力下有猛烈爆炸的危险。

（　　）130. 埋弧焊采用直流正接时，焊丝的熔敷率低，采用直流反接时，焊缝熔深小。

（　　）131. 工业常用酸碱在使用过程中要密闭操作,注意通风。

（　　）132. 激光焊的热影响区小,可避免焊件受热损伤。

（　　）133. 选择埋弧焊焊接规范的原则是保证电弧稳定燃烧,焊缝形状尺寸符合要求,表面成形光洁整齐,内部无气孔、夹渣、裂纹、未焊透、焊瘤等缺陷。

（　　）134. 堆焊的目的是为了增加零件的耐磨、耐热及耐蚀等性能。

（　　）135. 熔化极气体保护堆焊应用形式采用手工堆焊。

（　　）136. 物质的可燃性质不随条件的变化而变化。

（　　）137. 多丝埋弧焊可以加大熔深并提高生产率,所以得到越来越多的工业应用。

（　　）138. 堆焊制造新零件时,可赋予要件表面具有特殊性能的多层金属要件。

（　　）139. 可燃物、助燃物和着火源构成燃烧的三个要素,缺少其中任何一个要素便不能燃烧。

（　　）140. 焊条电弧焊焊接低碳钢或低合金钢时,电弧中心部分的最高温度可达 6 000～10 000 ℃。

（　　）141. 使用移动式电源箱一个动力分路只能接一台熔化焊设备,设备有名称牌。动力与照明回路应分开。

（　　）142. 埋弧焊通常是高负载持续率、大电流焊接过程。

（　　）143. 在堆焊过程中,调节送粉量和焊接速度,可控制堆焊层的厚度。

（　　）144. 液体在火源作用下,首先使其蒸发,然后蒸汽氧化分解进行燃烧。

（　　）145. 当可燃性液体温度高于其闪点时,则随时都有被火点燃的危险。

（　　）146. 埋弧焊焊剂垫用于纵缝和环缝两种基本形式。

（　　）147. 埋弧自动堆焊机的焊接速度为无级调节,且焊速稳定。

（　　）148. 如从业人员自愿与生产经营单位订立协议则可免除或者减轻其对从业人员因生产安全事故伤亡依法应承担的责任。

（　　）149. 金属材料铝合金可用气割方法进行加工。

（　　）150. 埋弧焊时不可以用钢带代替焊丝。

（　　）151. 通常可以将爆炸分为物理性爆炸和化学性爆炸两大类。

（　　）152. 手工电弧堆焊时,堆焊层的硬度主要取决于堆焊焊条的合金成分和后热处理。

（　　）153. 厂房内应加强通风,严禁明火。

（　　）154. 二氧化碳气体保护焊的缺点之一就是不能全位置焊接。

（　　）155. 桶装气化剂不得在水泥地面滚动。

（　　）156. 当其他焊接参数不变时,焊丝直径减小,堆焊焊缝熔深增加,熔宽减小。

（　　）157. 在禁火区内动火一般实行三级审批制。

（　　）158. 纯净的浓硫酸是无色油状液体。

（　　）159. 浓硫酸没有刺激性气味。

（　　）160. 检修动火时,动火时间一次绝不能超过一天。

（　　）161. 从业人员在作业过程中,应当正确佩戴和使用劳动防护用品,因未佩戴和使用劳动防护用品导致伤害的,不可以认定为工伤。

（　　）162. 手提式二氧化碳灭火器,是把二氧化碳以气态灌进钢瓶内的。

（　　）163. 在氩气和二氧化碳混合气体保护焊中,熔滴过渡特性随着二氧化碳含量的增加而恶化,飞溅也增大。

（ ）164. 硝酸对铁有钝化作用，能减慢腐蚀。

（ ）165. 乙炔气瓶口着火时，设法立即关闭瓶阀，停止气体流出，火即熄灭。

（ ）166. 在高处焊补作业时，焊接电缆线搭绕到肩膀上，以减轻手臂的负重，焊补作业时较方便。

（ ）167. 当皮肤接触剧毒化学品伤害时，所需采取的急救措施：立即脱去衣着，用推荐的清洗介质冲洗后就医。

（ ）168. 氧气瓶阀门着火，只要操作者将阀门关闭断绝氧气，火会自行熄灭。

（ ）169. 泡沫灭火器可用于扑救汽油、煤油、柴油和木材等引起的火灾。

（ ）170. 任何单位或者个人发现事故隐患或者安全生产违法行为，均有权向负有安全生产监督管理职责的部门报告或举报。

（ ）171. 电子束作为焊接热源，具有高能量密度，且控制精准、反应迅速。

（ ）172. 在空气不足的情况下燃烧会生成炭粒。

（ ）173. 电子束焊适用于通常熔化焊方法无法焊接的异种金属材料的焊接。

（ ）174. 当焊接车间出现火灾时，应立即将焊机关机后开消火栓进行灭火。

（ ）175. 二氧化碳灭火器应每月检查一次。

（ ）176. 在具有腐蚀性物品的工作地点，不应饮食和吸烟。

（ ）177. 在有接地或接零装置的焊件上进行弧焊操作或焊接与大地密切连接的焊件（如：管道、房屋的金属支架等）时，应特别注意避免焊机和工件的双重接地。

（ ）178. 为了防止灭火器被盗用，灭火器箱要上锁确保安全。

（ ）179. 微型件、精密件的激光焊接可选用小功率焊机。

（ ）180. 干粉灭火剂灭火的主要机理是降低氧浓度。

（ ）181. 对于水溶液存放，为了避免水结冰所造成的安全隐患，库存温度应大于 $1\ ℃$。

（ ）182. 当身体前部需要对火花和辐射做附加保护时，必须使用经久耐火的皮革或其他化纤材料的围裙。

（ ）183. 从操作方式看，目前应用最广的是半自动熔化极氩弧焊，其次是自动熔化极氩弧焊。

（ ）184. 氩弧焊接时要特别注意通风。

（ ）185. 移动电焊机时应停机断电，不得用拖拉电缆的方法移动焊机。

（ ）186. 激光焊接过程中，焊件由于受高温影响极易氧化。

（ ）187. 氩弧焊是采用工业纯氢作为保护气体的。

（ ）188. 电焊设备的安装和检修可以由焊工进行。

（ ）189. 一个人在皮肤干燥状态下，接触的电压越高，人体电阻越小。

（ ）190. 用灭火器灭火，最佳位置是上风或侧风位置。

（ ）191. 焊机的电源线必须有足够的导电截面积和良好的绝缘。

（ ）192. 氩气瓶内气体可以用尽。

（ ）193. 焊机所有外露带电部分应该有完好的隔离防护装置。

（ ）194. 目前最常用的氩气瓶的容积为 $40\ L$，其充装压力为 $15\ MPa$。

（ ）195. 租赁厂房、仓库需要进行电焊、气焊等具有火灾危险作业的，动火部门和人员应当事先办理动火审批手续，动火审批手续不需要经消防安全责任人或者消防安全管理人批准。

（　　）196. 禁火区内动火,应按动火证规定的部位、时间动火,不准超越规定的范围和时间。

（　　）197. 火灾中导致死亡率高的原因是烟气窒息。

（　　）198. 租赁厂房、仓库进行电焊、气焊等具有火灾危险作业的,重点是履行动火施工审批程序,作业人员是否持证上岗并不重要。

（　　）199. 在电流、电压不变的情况下,焊接速度的选择主要根据工件厚度决定。

（　　）200. 在没有发生火灾时,消防器材可以挪作他用。

（　　）201. 钨极氩弧焊时,氩气起到保护作用,可防止氧、氮等不应存在于焊接区的气体渗入焊缝区域。

（　　）202. 在封闭空间内实施焊接及切割时,气瓶及焊接电源可以放置在封闭空间的外面。

（　　）203. 钨极氩弧焊可以用于焊接铝合金,但不能用于焊接碳钢铝复合材料。

（　　）204. 钨极氩弧焊的钨极直径越大,适用于焊接的金属材料越厚。

（　　）205. 凡是能与空气中的氧或其他氧化剂起化学反应的物质,均称为可燃物。

（　　）206. 控制可燃物质的温度在燃点以下,是预防发生火灾的措施之一。

（　　）207. 气焊是在没有外部电源的条件下也能使用的一种化焊接方法。

（　　）208. 等离子弧切割适用于金属材料、石材等刚性材料的切割。

（　　）209. 气割不能在钢板上切割外形复杂的零件。

（　　）210. 在进行电焊、气焊等施工作业结束后,现场不需清理,收拾好自己的装备就可以离开。

（　　）211. 盛装保护气体的高压气瓶应小心轻放,竖立固定,防止倾倒,气瓶与热源距离应小于 3 m。

（　　）212. 通过调节氧气阀门和乙炔阀门,可得到三种不同的火焰:中性焰、碳化焰和氧化焰。

（　　）213. 熔化焊过程中出现的有害因素主要与熔化焊工艺、焊接设备、焊接规范和使用气体有关。

（　　）214. 气焊气割工艺中使用的焊丝直径根据焊件的厚度和坡口形式来选择。

（　　）215. 埋弧焊适于焊接中厚板结构的长焊缝焊接。

（　　）216. 在任何情况下,应注意避免在容器和管道里形成乙炔-空气或乙炔-氧气混合气。

（　　）217. 二氧化碳气体保护焊用实芯焊丝焊接时的飞溅比用药芯焊丝焊接的飞溅难以清理。

（　　）218. 焊条就是涂有药皮的供焊条电弧焊使用的熔化电极。

（　　）219. 气瓶的材质冲击值低是导致气瓶发生爆炸的主要原因之一。

（　　）220. 脚手架上材料堆放不稳、过多、过高会引起物体打击事故。

（　　）221. 无论瓶内装的是什么气体,均可以同车运输。

（　　）222. 气瓶使用时,气瓶的放置地点,应距明火 10 m 以内。

（　　）223. 进行电焊、气焊等具有火灾危险的作业人员和自动消防系统的操作人员,如能做到遵守消防安全操作规程,保证不发生事故则不一定必须持证上岗。

（　　）224. 进入生产、储存易燃易爆危险品的场所,必须执行消防安全规定。禁止非法携带易燃易爆危险品进入公共场所或者乘坐公共交通工具。

（ ）225．输气管道中气体的流速是有限制的。

（ ）226．等压式焊炬只能使用乙炔瓶或中压乙炔发生器。

（ ）227．电烙印发生在人体与带电体有良好的接触的情况下，在皮肤表面将留下和被接触带电体形状相似的肿块痕迹。有时在触电后并不立即出现，而是相隔一段时间后才出现。

（ ）228．焊接施工现场五大伤害是指高处坠落、火灾与爆炸、物体打击、触电伤害、机械伤害。

（ ）229．起重机械、锅炉、压力容器、压力管道等焊接不属于危险源。

（ ）230．焊件的端面与另一焊件表面构成直角或近似直角的接头，称为"T"形接头。

（ ）231．装满气的气瓶是危险源。

（ ）232．表面堆焊可以采用二氧化碳气体保护焊方法焊接。

（ ）233．室内焊接作业应避免可燃易燃气体（或蒸汽）的滞留积聚，除必要的通风措施外，还应装设气体分析仪器和报警器。

（ ）234．电动机械设备按规定接地接零可减少触电事故的发生。

（ ）235．二氧化碳电弧的穿透力很弱

（ ）236．二氧化碳气体保护焊的焊丝熔化率低。

（ ）237．熔化焊是利用局部加热的方法将连接处的金属加热至熔化状态而完成的焊接方法。

（ ）238．二氧化碳气体保护焊的生产效率比焊条电弧焊高。

（ ）239．混合气体保护焊可采用射流过渡进行焊接。

（ ）240．习近平总书记提出"人民至上，生命至上"，这充分体现了总书记强烈的历史担当与深厚的人民情怀。

（ ）241．二氧化碳气体保护焊采用短路过渡技术焊接薄壁构件的焊接质量高，焊接变形小。

（ ）242．二氧化碳气体保护焊的焊缝含氢量低，焊接低合金高强度钢时冷裂纹的倾向小。

（ ）243．许多碳素钢和低合金结构钢经正火后，各项力学性能均较好，可以细化晶粒，常用来作为最终热处理。

（ ）244．制定《安全生产法》的目的，是为了推动经济加速发展，有利于防止和减少安全生产事故，保障人民生命和财产安全。

（ ）245．所有的金属都具有热胀冷缩的性质。

（ ）246．生产经营单位的主要负责人是本单位安全生产第一责任人，对本单位的安全生产工作全面负责，其他负责人对职责范围内的安全生产工作负责。

（ ）247．运用压缩空气时，其气流方向可以朝向距离较远的工作人员。

（ ）248．钨极氩弧焊所焊接的板材厚度范围，从生产率考虑以5 mm以下为宜。

（ ）249．气割（即氧-乙炔切割）是利用氧-乙炔预热火焰使金属在纯氧气流中能够剧烈燃烧，生成熔渣和放出大量热量的原理而进行的。

（ ）250．电弧放电不会产生弧光辐射。

（ ）251．固态的二氧化碳，俗称干冰。

（ ）252．焊接振动对人体的危害以局部振动为主。

（　　）253. 高频电会使焊工产生一定的麻电现象,这在高处作业时是很危险的。

（　　）254. 二氧化碳气体来源广泛,价格低廉,是目前最经济的保护气体。

（　　）255. 生产经营单位应当在有较大危险因素的生产经营场所和有关设施、设备上,设置明显的安全警示标志。同时必须对安全设备进行经常性维护、保养,并定期检测,保证正常运转。

（　　）256. 二氧化碳气体保护焊时飞溅较多,焊工应有完善的防护用具,防止人体灼伤。

（　　）257. 关于交流弧焊机的主要优点包括:成本低、制造维护简单、适应碱性焊条、噪声较小。

（　　）258. 钢材牌号 Q235 的字母"Q"表示屈服点,"235"表示为屈服强度 235 MPa。

（　　）259. 在高强度电磁场作用下长期工作,一些症状可能持续成痼疾。

（　　）260. 压缩空气的作用不包括对碳棒电极起冷却作用。

（　　）261. 当检查和修理时,应避免有擦拭材料、木块等落入压缩机气缸、贮气桶及管内,因为此类物质在压缩空气内可能起火。

（　　）262. 生产经营单位发现从业人员的身体、心理状况和行为习惯出现异常时,应加强对从业人员的心理疏导、精神慰藉。

（　　）263. 安全生产是管理者的责任,生产经营单位的普通从业人员,不必要对本单位的安全生产工作提出意见或建议。

（　　）264. 强度是指金属材料在外力作用下抵抗变形和断裂的能力。

（　　）265. 焊条电弧焊是用手工操纵焊条进行焊接工作的,只能进行平焊、立焊,不能进行仰焊操作。

（　　）266. 从业人员发现直接危及人身安全的紧急情况时,必须经管理人员同意才能停止作业,不得擅自采取可能的应急措施后撤离作业场所。

（　　）267. 两焊件端面之间留有间隙的作用是为了保证焊透。

（　　）268. 从业人员发现事故隐患或者其他不安全因素,应当立即向现场安全生产管理人员或者本单位负责人报告:接到报告的人员应当及时予以处理。

（　　）269. 焊条电弧焊焊接设备的空载电压一般为 50～90 V。

（　　）270. 生产经营单位发生生产安全事故后,事故现场有关人员应当立即报告本单位负责人,但不可以直接向当地负有安全生产监督管理职责的部门报告。

（　　）271. 对处于窄小空间位置的焊缝,只要轻巧的刨枪能伸进去的地方,就可以进行切割作业。

（　　）272. 焊条电弧焊的焊接环境应通风良好。

（　　）273. 影响金属材料的焊接性能的因素有焊接方法、材料化学成分、构件类型和使用环境。

（　　）274. 任何人发现火灾时,都应当立即报警。

（　　）275. 碳弧气刨操作过程中,应注意逆风方向进行操作。

（　　）276. 当作业环境良好时,如果忽视个人防护,仍然会对人体造成危害:当在密闭的容器内作业时,有容器壳体的保护对操作者危害较小。

（　　）277. 只要多加小心并保持一定的间距,生产、储存、经营易燃易爆危险品的场所可以与居住场所设置在同一建筑物内。

（　　）278. 在容器或舱室内部进行碳弧气刨操作时,内部空间尺寸不能过于窄小,并要加强抽风及排除烟尘措施。

（   ）279. 示教是通过示教器动作焊接机器人,并在程序中记录机器人位置,设定焊接参数,以及对已存程序进行编辑和变更。

（   ）280. 按照金属切割过程中加热方法的不同,大致可以把切割方法分为火焰切割、电弧切割和冷切割三类。

（   ）281. 野外作业时,电焊机应放在避雨、通风较好的地方。

（   ）282. 等离子弧切割时,用增加等离子弧工作电压来增加功率,往往比增加电流有更好的效果。

（   ）283. 人体皮肤越潮湿电阻越大。

（   ）284. 堆焊时,选择最优的焊接材料与工艺方法相配合至关重要。

（   ）285. 根据《中华人民共和国消防法》规定,对于谎报火警的,应依照《中华人民共和国治安管理处罚法》的规定予以处罚。

（   ）286. 噪声的治理措施包括:消除和减弱生产中噪声源;控制噪声的传播;加强个人防护。

（   ）287. 当同一台电力变压器向两台或多台焊机供电时,由一台焊机引起的电压降将会反映在第二台焊机的工作中。

（   ）288. 在生产、作业中违反有关安全管理的规定因而发生重大伤亡事故或者造成其他严重后果,情节特别恶劣的,处三年以下有期徒刑或者拘役。

（   ）289. 在推拉电源闸刀开关时,必须戴绝缘手套同时面部不得正对开关。

（   ）290. 在容器或狭小部位操作碳弧气刨时,作业场地必须采取排烟除尘措施,还应注意场地防火。

（   ）291. 熔化焊工作地点应有良好的天然采光或者良好的局部照明。

（   ）292. 等离子弧焊接和切割所用电源在使用时必须可靠接地。

（   ）293. 违反消防管理法规,经消防监督机构通知采取改正措施而拒绝执行,造成严重后果的,对直接责任人员,处三年以下有期徒刑或者拘役。

（   ）294. 焊条电弧焊多层多道焊时有利于提高焊缝金属的塑性和韧性。

（   ）295. 在生产安全事故发生后,事故现场人员李某立即打电话报告企业负责人,可电话一直打不通,于是李某就自行离开了事故现场。结果,事故抢救时机被贻误,造成了严重后果,根据刑法等有关规定,李某履行了报告职责,只是联系不上企业负责人因此不用被追究刑事责任。

（   ）296. 熔化焊机电源线长度一般不应超过 2～3 m。

（   ）297. 熔化焊设备各个焊机间及与墙面间至少应留出 1 m 宽的通道。

（   ）298. 等离子弧焊接和切割可以采用较低电压引燃非转移弧后再接通较高电压的转移弧回路。

（   ）299. 以暴力、威胁或者限制人身自由的方法强迫他人劳动的,处三年以下有期徒刑或者拘役,并处罚金;情节严重的,处三年以上十年以下有期徒刑,并处罚金。

（   ）300. 碳棒倾角增大时,刨槽深度也增大。

（   ）301. 二氧化碳气体保护焊在焊接过程中只需稍微调整焊丝,其他条件不用多考虑就能获得良好的焊接效果。

（   ）302. 在救护触电者的过程中,救护人应双手迅速将触电者拉离电源。

（　　）303. 封闭空间内适宜的通风不仅必须确保焊工或切割工自身的安全,还要确保区域内所有人员的安全。

（　　）304. 在现场不方便就地进行心肺复苏时,要尽量反复调整直至触电伤员至方便位置。

（　　）305. 对从事接触职业病危害因素的特种作业人员,用人单位应当按照国家颁发的行政法规规定,组织上岗前、在岗期间和离岗时的职业健康检查,并将检查结果书面告知劳动者。

（　　）306. 焊接不带电的金属外壳时,可以不采用安全防护措施。

（　　）307. 带压不置换焊割同样需要置换原有的气体。

（　　）308. 承担职业病诊断的医疗卫生机构因设备或其他问题,可拒绝劳动者进行职业病诊断的要求。

（　　）309. 等离子电弧对弧长不敏感,所以焊枪喷嘴至工件的距离不像氩弧焊时要求那么严格。

（　　）310. 严禁焊补未开孔洞的密封容器。

（　　）311. 在等离子弧切割中,气体的流量大小会影响切割的速度和效果。

（　　）312. 焊工在操作过程中,应避开点燃的火焰,防止烧伤。

（　　）313. 因工外出期间,由于工作原因受到伤害或者发生事故下落不明的,应当及时治疗及查找,但不能认定为工伤。

（　　）314. 某作业人员在上岗作业期间,故意从高空坠落而自残,此时用人单位应该本着以人为本的理念,视同该员工为工伤。

（　　）315. 雨天穿用的普通胶鞋,在进行熔化焊作业时也可暂作焊接防护鞋使用。

（　　）316. 苯和甲苯的爆炸温度极限相同。

（　　）317. 等离子弧焊时,对焊工所穿的工作服和所戴的手套要求有较好的防热性。

（　　）318. 水下焊接与热切割作业常见事故不包括砸伤和烫伤。

（　　）319. 生产经营单位应当对从业人员进行应急教育和培训,保证从业人员具备必要的应急知识,掌握风险防范技能和事故应急措施。

（　　）320. 禁止使用氧气、乙炔等易燃易爆气体管道作为接地装置。

（　　）321. 氧气胶管要用 1.8 倍工作压力的蒸汽或热水清洗。

（　　）322. 弧焊设备外露的带电部分必须设置完好的保护,以防人员或金物体与之相接触。

（　　）323. 置换焊补时,只要在隔离区内焊割就一定是安全的。

（　　）324. 依据《特种作业人员安全技术培训考核管理规定》,具备安全培训条件的生产经营单位可以自主开展特种作业人员安全技术培训。

（　　）325. 置换动火是比较安全妥善的办法,在容器、管道的生产检修中被广泛采用。

（　　）326. 李某在江苏省取得《特种作业操作证》,到浙江省从事同一工种作业,依据《特种作业人员安全技术培训考核管理规定》,李某应重新参加培训,经考核再次取证,方可上岗作业。

（　　）327. 生产经营场所和员工宿舍应当设有符合紧急疏散要求、标志明显、保持畅通的出口、疏散通道。禁止占用、锁闭、封堵生产经营场所或者员工宿舍的出口、疏散通道。

（　　）328. 张某从事电工作业已 12 周年,到了第二轮复审换证时间。依据《特种作业人员安全技术培训考核管理规定》有关要求,李某提出延长复审申请,当地考核发证部门应当同意其申请,免予当次复审,直接发放新证。

（　　）329. 特种作业操作证需要复审的,应当在期满前 60 日内,由申请人或者申请人的用人单位向原考核发证机关或者从业所在地考核发证机关提出申请。

（　　）330. 粉尘爆炸危险场所可设置在非框架结构的多层建(构)筑物或员工宿舍、会议室、办公室、休息室等人员聚集场所。

（　　）331. 埋弧焊焊接时,电弧在焊丝与工件之间燃烧,电弧热将焊丝尾部及电弧附近的母材和焊剂熔化。

（　　）332. 等离子切割原理是基于离子化气体,因此只适用于切割某些金属材料,不能用于切割非金属材料。

（　　）333. 埋弧焊在起重机械、锅炉与压力容器、桥梁、造船等制造部门有着广泛的应用,是当今焊接生产中最普遍使用的焊接方法之一。

（　　）334. 二氧化碳气体具有氧化性。

（　　）335. 从事堆焊的人员首先要树立安全第一的思想。

（　　）336. 半自动埋弧焊的焊把,在焊接完成后可以暂时放在工件上。

（　　）337. 埋弧焊时,焊剂的存在仅能隔开熔化金属与空气的直接接触的作用。

（　　）338. 一般交流电源用于小电流、快速引弧、短焊缝、高速焊接、所采用焊剂的稳弧性较差及对焊接参数稳定性有较高要求的场合。

（　　）339. 氧-乙炔焰堆焊的熔合比范围为 15％～25％。

（　　）340. 置换焊割广泛应用于可燃气体的容器与管道的外部焊补。

（　　）341. 用人单位应当建立、健全职业病防治责任制,加强对职业病防治的管理,提高职业病防治水平,对本单位产生的职业病危害承担责任。

（　　）342. 自燃点是指物质(不论是固态、液态或气态)在没有外部火花和火焰的条件下,能自动引燃和继续燃烧的最低温度。

（　　）343. 氧-乙炔焰堆焊时,应尽量采用较大号的焊炬。

（　　）344. 引起油脂自燃的内因是有较大的氧化表面(如浸油的纤维物质)有空气,具备蓄热的条件。

（　　）345. 埋弧焊电弧的电场强度较大,电流小于 100 A 时电弧不稳,因而不适于焊接厚度小于 3 mm 的薄板。

（　　）346. 防止堆焊层金属开裂的主要方法是设法减小堆焊时的接应力。

（　　）347. 湿法焊接是焊接作业人员在水下直接施焊。

（　　）348. 可燃性物质与空气的混合物必定会发生爆炸。

（　　）349. 埋弧焊焊缝内出现的气孔与焊剂的烘干温度无关,与焊剂覆盖不充分有关。

（　　）350. 纯净的盐酸是无色透明的溶液。

（　　）351. 熔渣除了对熔池和焊缝金屋起化学和机械保护作用外,焊接过程中还与熔化金属发生冶金反应,但不影响焊缝金属的化学成分。

（　　）352. 泡沫灭火剂指能够与水混溶,并可通过机械或化学反应产生灭火泡沫的灭火剂。

（　　）353. 焊工在焊接时,可以将低熔点的材料,如蜡、牛油或焊条包装纸放到焊接作业点周围。

（　）354. 电子束焊机更换阴极组件或维修时,应切断高压电源,并用放电棒接触准备更换的零件或需要维修处,以防触电。

（　）355. 苯的爆炸温度极限是 15 ℃。

（　）356. 厂房内设置地沟时,应采取措施防止可燃气体、蒸汽、粉尘、纤维在地沟内积聚,并防止火灾通过地沟与相邻场所的连通处蔓延。

（　）357. 燃点越低的物品越安全。

（　）358. 采取有毒、有腐蚀性、有刺激性的样品,必须戴防毒面具,置换气体应注意排至室外防止中毒。进容器内取样,应有人监护取样时,人应站在下风向侧面。取样后,应将阀门关严。

（　）359. 激光焊时必须佩戴激光防护眼镜、穿白色工作服,以减少漫反射的影响。

（　）360. 乙炔瓶的表面温度不得超过 45 ℃,瓶阀冬季解冻加温时用不超过 45 ℃的温水。

（　）361. 蒸气锅炉爆炸是一种化学爆炸。

（　）362. 电子束焊机应安装有电压报警或其他电子联动装置。

（　）363. 当噪声无法控制在国家标准规定的允许声级范围内时,必须采用保护装置(诸如耳套、耳塞)或用其他适当的方式保护。

（　）364. 甲苯易燃,蒸气与空气可形成爆炸性混合物,遇明火、高热能引起燃烧爆炸。

（　）365. 干粉灭火器可用于扑救电气设备火灾。

（　）366. 厚度较大的焊件,可选用小功率脉冲激光焊机。

（　）367. 禁止焊条或焊钳上带电金属部件与身体相接触。

（　）368. 氩弧焊按照电极的不同分类分为三种焊接方法。

（　）369. 电子束焊机在高电压下运行,观察窗应选用铅玻璃。

（　）370. 有毒性化学品在水中的溶解度越大,其危险性越大。

（　）371. 在进行电焊、气焊等施工作业前,清楚知道场所火灾危险性以后,无须在现场配备消防设施器材。

（　）372. 当不可避免在可燃地板上进行切割作业时对地板要清扫干净、并以洒水、铺盖湿沙或类似物品的方法加以保护。

（　）373. 从事严重有毒化学品作业和特别繁重体力劳动的工种,应适当缩短工作时间,一般每天要实行 4 至 6 小时工作制。

（　）374. 进行电焊、气焊作业人员,只需了解火灾危险性就可以施工,消防设施器材使用由其他人员负责。

（　）375. 搬运剧毒化学品后,应该用流动的水洗手。

（　）376. 娱乐经营场所非营业期间进行动火施工作业,需要进行动火作业施工审批。

（　）377. 在操作电子束焊机时要注意防止高压电击 X 射线以及烟气。

（　）378. 大型商业综合体非营业期间可以进行电焊气焊动火作业,不需履行动火施工施工审批程序。

（　）379. 气瓶在使用后不得放空,必须留有不小于 50 kPa 表压的余气。

（　）380. 火灾初期阶段是扑救火灾效率最低的时机。

（　）381. 碳弧气刨不能清理铸件的毛边、飞边、浇铸冒口及铸件中的缺陷。

（　）382. 熔化极氩弧焊,焊丝既作填充金属又作导电的电极。

（　　）383. 水基型灭火器报废年限为 6 年。

（　　）384. 碳弧气刨的设备、工具简单，操作使用安全。

（　　）385. 采取通风措施，是消除焊接烟尘和有毒气体、改善劳动条件最有效的措施。

（　　）386. 氩弧焊焊枪的安全要求包括充分冷却，以保证能持久工作。

（　　）387. 氩弧焊焊枪重量轻、结构紧凑，装拆维修方便。

（　　）388. 二氧化碳灭火剂主要靠降低氧浓度灭火。

（　　）389. E 类火灾场所应选择磷酸铵盐干粉型灭火器或二氧化碳型灭火器。

（　　）390. 电子束机应安装有电压报警或其他电子联动装置。

二、单选题

1. 关于用人单位应当按照标准支付高于劳动者正常工作时间工资的工资报酬，下列说法中不正确的是（　　）

　　A. 休息日安排劳动者工作又不能安排补休的，支付不低于工资的百分之二百的工资报酬

　　B. 法定休假日安排劳动者工作的，支付不低于工资的百分之二百的工资报酬

　　C. 安排劳动者延长工作时间的，支付不低于工资的百分之一百五十的工资报酬

2. 在容器内进行埋弧焊作业时，使用行灯的电压不能超过（　　）。

　　A. 12 V　　　　　　　B. 36 V　　　　　　　C. 24 V

3. 按组成的不同，可燃物质不包括（　　）。

　　A. 无机可燃物质　　　B. 液态可燃物质　　　C. 有机可燃物质

4. 碳弧气刨压缩空气的压力是由（　　）决定的

　　A. 刨削深度　　　　　B. 刨削电流　　　　　C. 刨削速度

5. 下列不属于电弧焊的是（　　）。

　　A. 半自动焊　　　　　B. 气焊　　　　　　　C. 自动焊

6. 关于间接触电的防护措施错误的是（　　）。

　　A. 实行电气隔离

　　B. 采用安全特低电压

　　C. 采取不等电位均压措施

7. 可燃物的燃烧阶段不包括（　　）

　　A. 氧化、分解　　　　B. 燃烧　　　　　　　C. 挥发

8. 大功率等离子弧切割时，噪声更大，这对操作者的听觉系统和（　　）非常有害。

　　A. 眼睛　　　　　　　B. 消化系统　　　　　C. 神经系统

9. 电子枪中，电子的加速电压为（　　）。

　　A. 10 kV 至 30 kV　　B. 30 kV 至 150 kV　　C. 150 kV 至 200 kV

10. 焊条电弧焊使用酸性焊条起头焊时，应（　　）进行正常焊接。

　　A. 在离焊缝起焊处 30 mm 左右引燃电弧后拉向焊缝端部

　　B. 引燃电弧后即

　　C. 引燃电弧后将电弧拉长，对起焊端部进行必要的预热，然后压短电弧长度

11. 气体的体积越小，则压力就（　　），发生爆炸时的冲击力就越大。

　　A. 越大　　　　　　　B. 越小　　　　　　　C. 不变

12. 焊接机器人运动中,工作区域内有工作人员进入时,应按下( )。
    A. 暂停开关   B. 安全开关   C. 紧急停止按钮

13. 熔化焊是在焊接过程中,将焊件接头加热至( )状态而完成的焊接方法。
    A. 未熔化   B. 塑性   C. 熔化

14. 储存有( )的仓库的火灾危险性为甲类。
    A. 润滑油   B. 棉花   C. 酒精

15. 熔化焊是在焊接过程中,将焊件接头加热至( )状态而完成的焊接方法。
    A. 未熔化   B. 熔化   C. 塑性

16. 埋弧自动堆焊的电流比手弧焊高( )。
    A. 2 至 3 倍   B. 3 至 5 倍   C. 5 至 8 倍

17. 焊接机器人可动部分、行动区域与焊枪等行动区域,被称为( )。
    A. 危险区域   B. 安全区域   C. 可行区域

18. 在进行焊接作业时,电焊机要接地,其主要作用是( )。
    A. 避免电焊机过载   B. 避免引起触电事故   C. 避免引发火灾

19. 埋弧焊机控制系统测试的主要内容不包括( )。
    A. 测试送丝速度   B. 电流和电压的调节范围   C. 测试小车行走速度

20. 焊钳温度过高时,( )是错误的冷却方式。
    A. 水浸冷却   B. 风冷   C. 自然冷却

21. 动火执行人员拒绝动火的原因不包括( )。
    A. 未经申请动火   B. 有动火证   C. 超越动火范围

22. 爆炸极限的幅度越宽,其危险性( )。
    A. 越大   B. 越小   C. 两者无关

23. 埋弧焊时,一般要求交流电源的空载电压达到( )。
    A. 45 V   B. 65 V 以上   C. 65 V

24. 存在硫化氢、一氧化碳等中毒风险的有限空间作业的工贸企业存在( ),可判定为重大事故隐患。
    A. 对有限空间进行辨识、建立安全管理台账,并且设置明显的安全警示标志的
    B. 有限空间作业现场未设置监护人员的
    C. 执行"先通风、再检测、后作业"要求的

25. 焊机着火首先应拉闸断电,然后再灭火,在未断电前不能用( )。
    A. 二氧化碳灭火器   B. 干粉灭火器   C. 水

26. 在清洗压缩机气缸壁时,必须用( )清洗。
    A. 酒精   B. 汽油   C. 煤油

27. 焊接电弧产生的强烈紫外线对人体健康有一定的危害,( )是焊工常见的职业病。
    A. 尘肺   B. 皮肤病   C. 电光性眼炎

28. 埋弧焊时,一般要求交流电源的空载电压达到( )。
    A. 65 V 以上   B. 45 V   C. 65 V

29. 堆焊属于( )。
    A. 压焊   B. 熔焊   C. 钎焊

30. 可燃物质受热升温,无需明火作用则发生燃烧的现象,属于(　　)类型的燃烧。
   A. 自燃　　　　　　　　　　B. 着火　　　　　　　　　　C. 闪燃

31. 焊补燃料容器和管道的常用安全措施有两种,称为(　　)。
   A. 置换焊补、带压置换焊补
   B. 大电流焊补、带料焊补
   C. 置换焊补、带压不置换焊补

32. 下列属于置换焊补常用介质的是(　　)。
   A. 氢气　　　　　　　　　　B. 氮气　　　　　　　　　　C. 氧气

33. 为了预备和削弱高频电磁场的影响,采取的措施不正确的是(　　)。
   A. 适当降低频躁声　　　　B. 工件良好接地　　　　　C. 增加高频作用时间

34. 焊条电弧堆焊前,焊机外壳应有可靠(　　)。
   A. 焊机介绍　　　　　　　　B. 保护接地或接零　　　　C. 防晒措施

35. (　　)由逆止阀与火焰消除器组成,前者阻止可燃气的回流,以免在气管内形成爆炸性混合气,后者能防止火焰流过逆止阀时,引燃气管中的可燃气。
   A. 回火防止器　　　　　　　B. 防爆阀　　　　　　　　　C. 通气阀

36. 电流对人体的危害主要不包括(　　)。
   A. 电击　　　　　　　　　　B. 电伤　　　　　　　　　　C. 电热

37. 空气压缩机气缸刚经洗净后,(　　)气缸盖。
   A. 必须打开　　　　　　　　B. 无所谓　　　　　　　　　C. 必须封闭

38. 钨极氩弧焊操作中一般根据(　　)选择电流种类。
   A. 工件材料　　　　　　　　B. 工件形状　　　　　　　　C. 工件厚度

39. 火警电话是(　　)。
   A. 110　　　　　　　　　　B. 120　　　　　　　　　　C. 119

40. 电子束焊接时,高速运动的电子束与焊件产生 X 射线的方式是(　　)。
   A. 辐射　　　　　　　　　　B. 感应　　　　　　　　　　C. 撞击

41. 电子束焊接时,高速运动的电子束与焊件产生 X 射线的方式是(　　)。
   A. 感应　　　　　　　　　　B. 辐射　　　　　　　　　　C. 撞击

42. 依据《火灾分类》(GB/T4968—2008),按照可燃物的类型和燃烧特性将火灾分为 6 类其中 E 类火灾为(　　)。
   A. 烹饪物火灾　　　　　　　B. 带电火灾　　　　　　　　C. 金属火灾

43. 焊接用氩气盛装在氩气瓶中,氩气瓶属于高压容器,其瓶体为(　　),且瓶身上注有深绿色"氩"字样。
   A. 蓝色　　　　　　　　　　B. 黑色　　　　　　　　　　C. 银灰色

44. 与其他电弧焊相比,(　　)不是手工钨极氩弧焊的优点。
   A. 生产率高
   B. 保护效果好,焊缝质量高
   C. 可焊接的材料范围广

45. 在改变焊机接线、转移焊机或临时离开工作现场时,都应(　　)。
   A. 整理好工具　　　　　　　B. 切断气源　　　　　　　　C. 切断电源

46. 干粉灭火器压力表指针在（　　）范围内表示该灭火器压力正常。
　　A. 红色　　　　　　　　　B. 黄色　　　　　　　　　C. 绿色

47. 我国规定,工作人员允许的 X 射线剂量不应大于（　　）。
　　A. 0.2 mR/h　　　　　　　B. 0.15 mR/h　　　　　　C. 0.25 mR/h

48. 钨极氩弧焊时,易爆物品距离焊接场所不得小于（　　）m。
　　A. 5　　　　　　　　　　　B. 8　　　　　　　　　　　C. 10

49. 依据《特种作业人员安全技术培训考核管理规定》,特种作业人员的年龄应当年满（　　）周岁。
　　A. 18　　　　　　　　　　B. 20　　　　　　　　　　C. 16

50. 电子束焊接时,高速运动的电子束与焊件产生 X 射线的方式是（　　）。
　　A. 撞击　　　　　　　　　B. 辐射　　　　　　　　　C. 感应

51. 电子束焊接时,高速运动的电子束与焊件产生 X 射线的方式是（　　）。
　　A. 感应　　　　　　　　　B. 辐射　　　　　　　　　C. 撞击

52. 按组成的不同,可燃物质不包括（　　）。
　　A. 无机可燃物质　　　　　B. 液态可燃物质　　　　　C. 有机可燃物质

53. 一般来讲,凡是生产、使用、储存可燃气体、助燃气体、氧化剂和易燃固体的设备容器、管道及其周围（　　）m 的范围内,均称为禁火区。
　　A. 9　　　　　　　　　　　B. 8　　　　　　　　　　　C. 10

54. 按组成的不同,可燃物质不包括（　　）。
　　A. 无机可燃物质　　　　　B. 液态可燃物质　　　　　C. 有机可燃物质

55. 工业上多采用（　　）钢瓶贮运乙炔。
　　A. 深蓝色　　　　　　　　B. 乳白色　　　　　　　　C. 红色

56. 用于焊接、切割或相关工艺局部抽气通风的管道必须由（　　）材料制成。
　　A. 不燃性　　　　　　　　B. 难燃性　　　　　　　　C. 可燃性

57. 当判定触电者呼吸和心跳停止时,应立即就地抢救,可采用（　　）。
　　A. 强制呼吸法　　　　　　B. 心肺复苏法　　　　　　C. 受迫呼吸法

58. 吸收率决定了工件对激光束能量的利用率,下列措施不能增加材料对激光的吸收率的是（　　）。
　　A. 材料表面处理　　　　　B. 使用惰性气体　　　　　C. 提高材料表面温度

59. 通常闪燃是对（　　）来说的。
　　A. 液体　　　　　　　　　B. 气体　　　　　　　　　C. 固体

60. 关于对熔化焊操作中触电人员的急救措施,下列说法错误的是（　　）。
　　A. 未采取绝缘措施前,救护人不得直接触及触电者的皮肤和潮湿的衣服
　　B. 救护人不得采用金属和其他潮湿的物品作为救护工具。但带有潮湿的塑料制品除外
　　C. 电流对人体的作用时间愈长,对生命的威胁愈大。所以,触电急救的关键是首先要使触电者迅速脱离电源

61. 氧气是一种（　　）。
　　A. 可燃气体　　　　　　　B. 惰性气体　　　　　　　C. 助燃性气体

62. 碳化焰中氧与乙炔的比例(　　　)。
    A. 等于1　　　　　　　　B. 小于1　　　　　　　　C. 大于1

63. 下列选项中,不属于水在灭火中的作用的是(　　　)。
    A. 化学抑制　　　　　　　B. 冷却　　　　　　　　　C. 隔离

64. 碳化焰可焊接的材料是(　　　)。
    A. 黄铜、青铜等
    B. 高碳钢、高速钢、硬质合金等材料
    C. 不受限制

65. 装修材料的燃烧性能等级中,B1级代表的是(　　　)材料。
    A. 难燃　　　　　　　　　B. 易燃　　　　　　　　　C. 不燃

66. 以下说法错误的是(　　　)。
    A. 熔化焊人员手或身体的某部位接触到带电部分,而脚或身体的其他部位对地面又
       无绝缘时很容易发生直接电击事故
    B. 焊机的有保护接地或保护接零(中线)系统熔化焊人员就不会触电
    C. 由于利用厂房的金属结构、管道、轨道、行车、吊钩或其他金属物搭接作为熔化焊回
       路而发生触电称为间接触电

67. 激光辐射眼睛或皮肤时,如果超过了人体的最大允许照射量,就会导致组织损伤,当照
    射时间超过100 s时,损伤效应主要为(　　　)。
    A. 热效应　　　　　　　　B. 光压效应　　　　　　　C. 光化学效应

68. 装修材料的燃烧性能等级中,B1级代表的是(　　　)材料。
    A. 不燃　　　　　　　　　B. 易燃　　　　　　　　　C. 难燃

69. 中性焰中氧与乙炔的比例(　　　)。
    A. 大于1.2　　　　　　　B. 小于1　　　　　　　　C. 等于(1至1.2)

70. 依据《特种作业人员安全技术培训考核管理规定》,中特种作业操作资格考试包括安全
    技术理论考试和(　　　)两部分。
    A. 实际操作考试　　　　　B. 面试　　　　　　　　　C. 能力测试

71. 在气焊气割工作中,发生回火后,应立即关闭(　　　)
    A. 乙炔调节阀门　　　　　B. 氧气调节阀　　　　　　C. 切割氧阀门

72. 气焊、气割时,氧气瓶和乙炔瓶的间距应大于(　　　)m。
    A. 8　　　　　　　　　　　B. 5　　　　　　　　　　　C. 10

73. 乙炔气瓶是贮存和运输乙炔气的专用压力容器,瓶体表面为(　　　)。
    A. 黑色　　　　　　　　　B. 天蓝色　　　　　　　　C. 白色

74. 在触电者已失去知觉(心肺正常)的抢救措施中,错误的是(　　　)。
    A. 应使其舒适地平卧着　　B. 四周要多围些人　　　　C. 解开衣服以利呼吸

75. 关于气焊的描述正确的是(　　　)。
    A. 离开电源不能使用
    B. 两个工件的接头部分不需要熔化
    C. 需要填充金属

76. 一般来讲,凡是生产、使用、储存可燃气体、助燃气体、氧化剂和易燃固体的设备,容器、
    管道及其周围(　　　)m的范围内,均称为禁火区。
    A. 10　　　　　　　　　　B. 9　　　　　　　　　　　C. 8

77. 吸收率决定了工件对激光束能量的利用率。下列措施不能增加材料对激光的吸收率的是（　　　）。

    A. 材料表面处理　　　　　　B. 提高材料表面温度　　　　C. 使用惰性气体

78. 接地线及手把线都不得搭设在（　　　）和带有热源的物品上。

    A. 易燃易爆　　　　　　　　B. 可燃　　　　　　　　　　C. 其他物品

79. 依据《特种作业人员安全技术培训考核管理规定》,特种作业操作证申请复审或者延期复审前,特种作业人员应当参加必要的安全培训并考试合格,安全培训时间不少于（　　　）个学时。

    A. 8　　　　　　　　　　　B. 24　　　　　　　　　　　C. 16

80. 乙炔瓶瓶温过高会降低丙酮对乙炔的溶解度而使瓶内压力急剧增高,所以不得用温度超过（　　　）的热源对气瓶加热,避免造成危险。

    A. 40 ℃　　　　　　　　　B. 50 ℃　　　　　　　　　C. 60 ℃

81. 可能引起管道发生燃烧爆炸的行为是（　　　）

    A. 管道离热源 10 m 以外

    B. 气体在管内流动时,发生与管道的摩擦,静电电压 100 V 时,静电放电

    C. 氧气管道阀门有油脂存在

82. 物质的自燃点越低,发生火灾的危险就（　　　）。

    A. 越大　　　　　　　　　　B. 两者无关　　　　　　　　C. 越小

83. 焊接时产生的紫外线及其他有害辐射对人眼的危害是非常大的,应使用（　　　）进行防护。

    A. 防辐射镜　　　　　　　　B. 墨镜　　　　　　　　　　C. 高级透光防护眼镜

84. 钨极氩弧焊时,焊接电流的大小选择的依据不包括（　　　）。

    A. 喷嘴的直径　　　　　　　B. 工件材料　　　　　　　　C. 工件厚度

85. 把质量浓度 98% 以上的硝酸溶液称为（　　　）。

    A. 发烟硝酸　　　　　　　　B. 稀硝酸　　　　　　　　　C. 浓硝酸

86. 与氢氧化钠混合能产生剧热的是（　　　）。

    A. 氯化铁　　　　　　　　　B. 乙醇　　　　　　　　　　C. 硝酸钾

87. 轻度电击者不会出现（　　　）。

    A. 短暂的面色苍白　　　　　B. 瞳孔扩大　　　　　　　　C. 四肢软弱

88. 由于焊接是局部的不均匀加热或冷却,所以焊后金属易产生（　　　）。

    A. 咬边　　　　　　　　　　B. 变形　　　　　　　　　　C. 气孔

89. 手持式电动工具的接地线,在（　　　）应进行检查。

    A. 每次使用前　　　　　　　B. 每月　　　　　　　　　　C. 每年

90. 焊接与切割主要用的激光器不包括（　　　）。

    A. 二氧化碳气体激光器　　　B. 液体激光器　　　　　　　C. 固体激光器

91. 二氧化碳气体保护电弧焊本质上属于（　　　）。

    A. 熔化极惰性气体保护焊

    B. 钨极气体保护焊

    C. 熔化极活性气体保护焊

92. 盐酸的物理性质不包括( )。

    A. 不透明   B. 强烈的挥发性   C. 刺激性气味

93. 二氧化碳气体保护焊中,直径 0.8 mm、1.2 mm 和 1.6 mm 的焊丝获得短路过渡的最佳电弧电压为( )V 左右。

    A. 16   B. 20   C. 24

94. 根据国家标准《气体焊接设备焊接、切割和类似作业用橡胶软管》的规定,二氧化碳气体保护焊所用二氧化碳胶管的颜色是( )。

    A. 蓝色   B. 灰色   C. 黑色

95. 焊钳温度过高时,是错误的冷却方式( )。

    A. 水浸冷却   B. 自然冷却   C. 风冷

96. 可燃气体爆炸与粉尘爆炸的最大区别是( )。

    A. 多次爆炸   B. 燃烧作用   C. 声音

97. 不属于二氧化碳气体保护焊所使用的材料的是( )。

    A. 钨极   B. 焊丝   C. 保护气体

98. 碳化焰可焊接的材料是( )。

    A. 不受限制

    B. 黄铜、青铜等

    C. 高碳钢、高速钢、硬质合金等材料

99. 不属于焊条的组成部分的是( )。

    A. 焊芯   B. 引弧装置   C. 药皮

100. 二氧化碳气体保护电弧焊本质上是( )。

    A. 钨极气体保护焊

    B. 熔化极惰性气体保护焊

    C. 熔化极活性气体保护焊

101. 采用二氧化碳和氩气混合保护气体进行焊接时,其焊接工艺特征( )。

    A. 接近于纯氩气气体保护焊,但飞溅相对较少

    B. 接近于纯二氧化碳气体保护焊,但飞溅相对较少

    C. 接近于纯氩气气体保护焊,但飞溅相对较多

102. 气焊与气割的火焰温度高达( )。

    A. 2 000 ℃以下   B. 3 000 ℃以上   C. 1 000 ℃以上

103. 氢氧化钠不易溶于( )

    A. 水   B. 乙醇   C. 乙醚

104. 二氧化碳焊的焊丝伸出长度为( )mm。

    A. 5～10   B. 10～15   C. 15～20

105. 氩弧焊设备中,用于调节气体流量的组件是( )。

    A. 气体调节器   B. 气体流量计   C. 气体溢流阀

106. 氩气一般采用压缩气瓶供气,描述不正确的安全技术是( )。

    A. 禁止摔断瓶阀

    B. 瓶内余气可以用尽

    C. 打开瓶阀时不应操作过快

107. 焊机接地装置的接地电阻不得超过(　　)Ω。
　　　A. 8　　　　　　　　　　　B. 4　　　　　　　　　　　C. 10

108. 可燃蒸汽与空气混合的浓度往往可达到爆炸极限的条件不包括(　　)。
　　　A. 管道通风不良
　　　B. 室内通风良好
　　　C. 液体燃料容器通风不良

109. 下列选项中,不属于水在灭火中的作用的是(　　)。
　　　A. 化学抑制　　　　　　　B. 隔离　　　　　　　　　C. 冷却

110. (　　)电渣焊可焊接大断面的长焊缝和变断面的焊缝。
　　　A. 板极　　　　　　　　　B. 丝极　　　　　　　　　C. 熔嘴

111. 关于二氧化碳焊,相关说法错误的是(　　)。
　　　A. 焊速过慢,易产生烧穿和焊缝组织变粗的缺陷
　　　B. 焊枪移动过快,易引起焊缝两则咬边,而且保护气体向后拖,影响保护效果
　　　C. 保护气流越大,保护效果越好

112. 采用二氧化碳焊焊接薄板的过渡方式为(　　)。
　　　A. 射流过渡　　　　　　　B. 短路过渡　　　　　　　C. 粗丝过

113. 有关丙酮的说法,不正确的是(　　)。
　　　A. 丙酮是优良的有机溶剂,并且能与水以任意比例互溶
　　　B. 丙酮与丙醛是同分异构体,化学性质也与丙醛相同
　　　C. 丙酮不可以与银氨溶液发生银镜反应
　　　　D. 丙酮可以通过催化加氢被还原

114. 采用二氧化碳焊焊接薄板的过渡方式为(　　)。
　　　A. 粗丝过渡　　　　　　　B. 短路过渡　　　　　　　C. 射流过渡

115. 块、片、纤维状态的可燃物质不包括(　　)。
　　　A. 电影胶片　　　　　　　B. 豆油　　　　　　　　　C. 电石

116. 关于碱性焊条的特点,下列说法正确的是(　　)。
　　　A. 碱性熔渣的脱氧不完全
　　　B. 碱性焊条能有效地消除焊缝金属中的硫
　　　C. 碱性焊条一般不用于合金钢和重要碳钢结构的焊接

117. 钨极氩弧焊按(　　)分为手工焊、半自动焊和自动焊三类。
　　　A. 气体种类　　　　　　　B. 电极种类　　　　　　　C. 操作方式

118. 等离子弧焊焊接速度比钨极氩弧焊(　　)。
　　　A. 慢　　　　　　　　　　B. 相当　　　　　　　　　C. 快

119. 二氧化碳焊短路过渡焊接所用的焊丝较细,若焊丝伸出过长,则(　　)。
　　　A. 熔深深并且较少产生气孔
　　　B. 飞溅小,焊接过程稳定
　　　C. 该段焊丝的电阻热大,易引起成段熔断

120. 气焊时一般采用的是(　　)。
　　　A. 氧化焰　　　　　　　　B. 碳化焰　　　　　　　　C. 中性焰

121. 钢中的渗碳体可增加钢的( )。

    A. 强度   B. 塑性   C. 韧性

122. 钨极氩弧焊操作中一般根据( )选择电流种类。

    A. 工件形状   B. 工件厚度   C. 工件材料

123. 下列关于干粉灭火器的使用方法中,不正确的是( )。

    A. 上下摆动,由远及近、快速推进

    B. 左右摆动,由近及远,快速推进

    C. 先拔保险销,压下手柄喷射

124. 压焊工作中容易发生的事故不包括( )。

    A. 爆炸   B. 火灾   C. 化学反应

125. 窒息灭火的主要灭火机理是( )。

    A. 减少可燃物   B. 降低温度   C. 降低氧浓度

126. 为确保操作者的人身安全,避免和减少相关事故的发生,在易燃易爆场所焊接,焊接前必须( )。

    A. 办理用火许可证

    B. 正确穿戴好焊工专用防护工作服、绝缘手套和绝缘鞋

    C. 清除焊件上的油污

127. 关于焊条的特性描述,下列说法错误的是( )。

    A. 低温钢焊条在不同的低温介质条件下,具有一定的低温工作能力

    B. 酸性焊条熔渣的成分主要是酸性氧化物

    C. 酸性焊条药皮里的造气剂为无机物焊接时产生保护气体

128. 依据《中华人民共和国安全生产法》,生产经营单位的( )依法组织职工参加本位安全生产工作的民主管理和民主监督维护职工在安全生产方面的合法权益。

    A. 工会   B. 董事会   C. 职工代表大会

129. 有色金属是相对黑色金属而言的,( )属于有色金属。

    A. 铬   B. 铝   C. 铁

130. 按焊条的用途分类,不包括( )。

    A. 酸性焊条

    B. 低碳钢和低合金高强度钢焊条

    C. 钼和铬钼耐热钢焊条

131. 依据《人员密集场所消防安全管理》(GB/T40248—2021),电气焊工职责主要包括:执行有关消防安全制度和操作规程履行作业前审批手续:( ),发生火灾后应立即报火警,实施扑救。

    A. 落实防爆措施

    B. 落实操作人员个人的防护措施

    C. 落实相应作业现场的消防安全防护措施

132. 药芯焊丝的组成包括金属外皮和( )。

    A. 中间焊丝   B. 芯部药粉   C. 外层镀膜

133. 关于焊条的选用,下列说法错误的是(　　)。
    A. 焊条电弧焊时,焊条既作为电极,又作为填充金属直接过渡到熔池
    B. 虽然焊条的种类很多,但是其使用要求简单,使用不当也不会对成本造成很大影响
    C. 焊条电弧焊是焊接工作中的主要方法,在焊接工作中占有重要地位

134. 依据《人员密集场所消防安全管理》(GB/T40248—2021),电气焊工职责主要包括:执行有关消防安全制度和操作规程履行作业前审批手续;(　　);发生火灾后应立即报火警,实施扑救。
    A. 落实相应作业现场的消防安全防护措施
    B. 落实操作人员个人的防护措施
    C. 落实防爆措施

135. 短期接触电磁场对人体的伤害(　　)逐渐消除。
    A. 可以　　　　　　　　B. 不确定　　　　　　　C. 不可以

136. 电渣焊过程中会产生有害气体,原因是(　　)。
    A. 电渣过程不稳　　　　B. 水分进入渣池　　　　C. 焊剂中氟化钙分解

137. 焊接就是通过加热、加压或两者并用,并且用或不用(　　),使焊件达到结合的一种加工方法。
    A. 焊接材料　　　　　　B. 填充材料　　　　　　C. 其他材料

138. 人体直接触及或过分靠近电气设备及线路的带电导体而发生的触电现象称为(　　)。
    A. 间接接触触电　　　　B. 直接接触触电　　　　C. 非接触触电

139. 依据《中华人民共和国劳动法》,订立和变更劳动合同,应当遵循(　　)的原则,不得违反法律、行政法规的规定。
    A. 多方协商
    B. 明确双方权利和义务
    C. 平等自愿、协商一致

140. 埋弧焊机的(　　)必须有良好的绝缘性,以防意外发生
    A. 焊丝　　　　　　　　B. 熔池　　　　　　　　C. 小车轮子

141. 焊接或切割现场应设置(　　)人员。
    A. 安全监督　　　　　　B. 现场管理和安全监督　　C. 现场管理

142. 乙炔具有弱酸性,将其通入氯化亚铜氨水溶液,立即生成棕红色乙炔亚铜沉淀,因此,乙炔在使用贮运中要避免与(　　)接触。
    A. 铁　　　　　　　　　B. 铝　　　　　　　　　C. 纯铜

143. 焊机必须以正确的方式接地,接地必须连接良好,(　　)接地应做定期检查。
    A. 永久性　　　　　　　B. 暂时性　　　　　　　C. 以上都不用

144. 二氧化碳气体保护堆焊时,若空气中二氧化碳浓度过高,会使人(　　)。
    A. 头晕　　　　　　　　B. 缺氧,甚至窒息　　　　C. 窒息

145. 在工业生产中盐酸被广泛应用的原因是(　　)。
    A. 清洗能力强　　　　　B. 无毒害　　　　　　　C. 效率低

146. 对于剧毒品的存放中,错误的是( )。
    A. 不能用玻璃瓶储存　　　B. 必须双人收发　　　C. 不准露天堆放

147. 为了保证激光器稳定运行,一般采用的电子控制电源,其特点是( )。
    A. 快响应、恒稳性低　　　B. 慢响应、恒稳性低　　　C. 快响应、恒稳性高

148. 干粉灭火器压力表指针在( )范围内表示该灭火器压力正常。
    A. 绿色　　　　　　　　　B. 黄色　　　　　　　　　C. 红色

149. 电磁场伤害是在指( )的作用下,器官组织及其功能将受到损伤。
    A. 低频电磁场　　　　　　B. 中频电磁　　　　　　　C. 高频电磁场

150. 对于较厚钢板,常用的埋弧焊种类是( )。
    A. 悬空焊　　　　　　　　B. 手工焊封底埋弧焊　　　C. 多层埋弧焊

151. 碳弧气刨时,刨削速度增大,( )。
    A. 刨槽宽度增大　　　　　B. 刨削质量变差　　　　　C. 刨槽深度减小

152. 氩弧堆焊的主要危险不包括( )。
    A. 高频电场　　　　　　　B. 烟尘　　　　　　　　　C. 有害气体

153. 依据《生产安全事故应急条例》,参加生产安全事故现场应急救援的单位和个人应当服从( )的统一指挥。
    A. 现场指挥部　　　　　　B. 企业主要负责人　　　　C. 当地政府

154. 当人发生触电后,下列抢救方法中正确的是( )。
    A. 立即拨打 120　　　　　B. 迅速脱离电源　　　　　C. 坚持就地抢救

155. 铁素体不锈钢常采用( )进行焊接。
    A. 埋弧焊　　　　　　　　B. 等离子弧焊　　　　　　C. 焊条电弧焊

156. 水下焊接方法不包括( )。
    A. 局部湿法焊接　　　　　B. 干法焊接　　　　　　　C. 湿法焊接

157. 电焊机及其他焊割设备与高处焊割作业点的下部地面要保持( )m 以上,并设监护人。
    A. 15　　　　　　　　　　B. 10　　　　　　　　　　C. 20

158. 焊接或切割的操作者只有满足( )条件,才可实施焊接或切割操作。
    A. 规定的安全条件
    B. 以上都得满足
    C. 得到现场管理和监督者的准许

159. 埋弧焊时,一般要求交流电源的空载电压达到( )。
    A. 45 V　　　　　　　　　B. 65 V　　　　　　　　　C. 65 V 以上

160. 某厂对煤气管道需要带压不置换焊补漏点时,周围滞留空间可燃气体的含量,以小于( )％为宜。
    A. 1.5　　　　　　　　　　B. 1　　　　　　　　　　　C. 0.5

161. 氧燃气焊接气瓶必须储存在不会遭受物理损坏或使气瓶内储存物的温度超过( )的地方。
    A. 30 ℃　　　　　　　　　B. 40 ℃　　　　　　　　　C. 50 ℃

162. 小王进入气体检测合格后的容器内焊补作业,因光线不足,需要足够的照明,照明手提行灯应采用的安全电压为( )。
    A. 24 V　　　　　　　　　B. 36 V　　　　　　　　　C. 12 V

163. 埋弧焊焊丝上经常镀（　　），既可起防锈作用，又可改善焊丝与导电嘴的电接触状况。

    A. 镍　　　　　　　　　　B. 银　　　　　　　　　　C. 铜

164. 封闭空间内作业时，下列气体中，（　　）可以用于通风。

    A. 空气　　　　　　　　　B. 氧气　　　　　　　　　C. 二氧化碳

165. 淬火后进行回火，可以在保持一定强度的基础上恢复钢的（　　）。

    A. 韧性　　　　　　　　　B. 硬度　　　　　　　　　C. 强度

166. 以气体为置换介质时的需用量一般为被置换介质容积的（　　）倍以上。

    A. 3　　　　　　　　　　　B. 5　　　　　　　　　　　C. 4

167. 置换焊补时，必须保证盲板有足够的（　　）。

    A. 强度　　　　　　　　　B. 硬度　　　　　　　　　C. 塑性

168. 埋弧焊熔剂成分里含有的（　　），焊接时虽不像手弧焊那样产生可见烟雾，但会产生一定量的有害气体和蒸气，损害人体健康。

    A. 氧化硅　　　　　　　　B. 氧化锰　　　　　　　　C. 氟化氢

169. 某员工因工伤导致残疾，经鉴定为四级伤残，依照《工伤保险条例》有关规定，该员工可领取一次性伤残补助金的标准是（　　）。

    A. 23 个月的本人工资　　B. 21 个月的本人工资　　C. 18 个月的本人工资

170. 依据《工伤保险条例》，在工伤认定申请过程中，职工或者其直系亲属认为是工伤，用人单位不认为是工伤的，由（　　）承担举证责任。

    A. 职工或其直系亲属　　　B. 劳动保障部门　　　　　C. 用人单位

171. 手工电弧堆焊时，焊机空载电压不能太高，一般直流焊机电源的电压≤（　　）V。

    A. 80　　　　　　　　　　B. 60　　　　　　　　　　C. 100

172. 依据《工伤保险条例》，在工伤认定申请过程中，职工或者其直系亲属认为是工伤，用人单位不认为是工伤的，由（　　）承担举证责任。

    A. 劳动保障部门　　　　　B. 职工或基直系亲属　　　C. 用人单位

173. 触电金属化后的皮肤表面变得粗糙坚硬，引起肤色呈灰黄的元素是（　　）。

    A. 纯铜 F　　　　　　　　B. 黄铜　　　　　　　　　C. 铅

174. 焊条电弧焊在焊接同样厚度的"T"形接头时，焊条直径可以比焊接对接接头用的直径（　　）。

    A. 大些　　　　　　　　　B. 小些　　　　　　　　　C. 一样大

175. 在有风的环境中焊接时，下列焊接方法中保护效果最好的是（　　）。

    A. 手工电弧焊　　　　　　B. 压焊　　　　　　　　　C. 埋弧焊

176. 焊丝送进和电弧移动都由专门的焊接装置自动完成的埋弧焊类型是（　　）。

    A. 半自动埋弧焊　　　　　B. 压焊　　　　　　　　　C. 自动埋弧焊

177. 埋弧焊时，电弧的磁偏吹最小的电源是（　　）。

    A. 直流　　　　　　　　　B. 脉冲电流　　　　　　　C. 交流

178. 由于电流通过人体内而造成的内部器官在生理上的反应和病变的触电形式属于（　　）。

    A. 电伤　　　　　　　　　B. 电击　　　　　　　　　C. 电磁场

179. 埋弧焊时，电弧的磁吹最小的电源是（　　）。

    A. 脉冲电流　　　　　　　B. 交流　　　　　　　　　C. 直流

180. （　　）由逆止阀与火焰消除器组成,前者阻止可燃气的回流,以免在气管内形成爆炸性混合气,后者能防止火焰流过逆止阀时引燃气管中的可燃气。
    A. 防爆阀　　　　　　　　B. 回火防止器　　　　　　C. 通气阀

181. 触电事故一旦发生,首先（　　）。
    A. 就地抢救　　　　　　　B. 要使触电者迅速脱离电源　　C. 人工呼吸

182. 关于碳弧气刨的安全要求,下列说法错误的是（　　）。
    A. 电弧切割时噪声较大,操作者应戴耳塞
    B. 在切割时应使用较小电流
    C. 电弧切割时电流较大,要防止焊机过载发热

183. 埋弧焊最常用于的焊接位置是（　　）。
    A. 立焊　　　　　　　　　B. 全位置焊　　　　　　　C. 平焊

184. 依据《工伤保险条例》,以下情形认定为工伤的是（　　）
    A. 以上两种情形都是
    B. 职工原在军队服役,因战、因公负伤致残,已取得革命伤残军人证,到用人单位后旧伤复发的
    C. 在上下班途中,受到非本人主要责任的交通事故或者城市轨道交通、客运轮渡、火车事故伤害的

185. 不属于预防机械伤害事故的措施是（　　）。
    A. 对机械设备要定期保养、维修,保持良好运行状态
    B. 操作人员要按规定操作,严禁违章作业
    C. 经常开展电气安全检查工作

186. 依据《工伤保险条例》,以下情形认定为工伤的是（　　）。
    A. 职工原在军队服役,因战、因公负伤致残,已取得革命伤残军人证,到用人单位后旧伤复发的
    B. 在上下班途中,受到非本人主要责任的交通事故或者城市轨道交通、客运轮渡、火车事故伤害的
    C. 以上两种情形都是

187. 存在职业病危害因素的用人单位,其工作场所的设立除应当符合法律、行政法规规定的条件外,还应当做到（　　）。
    A. 职业病危害因素的强度或者浓度符合国家职业卫生标准
    B. 有与职业危害防护相关的宣传栏
    C. 设备、工具、用具等设施能满足生产需求

188. 可移动式排烟罩的特点是（　　）。
    A. 适用于焊接大而长的焊件时排除电焊烟尘和有毒气体
    B. 适合于焊接操作地点固定、焊件较小情况下采用
    C. 可以根据焊接地点和操作位置的需要随意移动

189. 依据《中华人民共和国职业病防治法》,存在职业病危害因素的用人单位,应当在醒目位置（　　）,公布有关职业病防治的规章制度、操作规程、职业病危害事故应急救援措施和工作场所职业病危害因素检测结果。
    A. 设置公告栏　　　　　　B. 开展宣传　　　　　　　C. 进行提示

190. 关于焊接层数的选择,下列说法正确的是( )。
    A. 在中、厚板焊条电弧焊时,往往采用单层焊
    B. 层数多些,对提高焊缝的塑性、韧性有利
    C. 层数增加,往往使焊件变形减少

191. 依据《中华人民共和国刑法》规定,在安全事故发生后,负有( )职责的人员不报或者谎报事故情况,贻误事故抢救,情节严重的,处三年以下有期徒刑或者拘役。
    A. 管理   B. 报告   C. 监督

192. 焊接是使两工件产生( )结合的方式。
    A. 电子   B. 原子   C. 分子

193. 依据《中华人民共和国刑法》规定,( )是指在生产、作业中违反有关安全管理的规定,因而发生重大伤亡事故或者造成其他严重后果的。
    A. 重大责任事故罪   B. 重大劳动安全事故罪   C. 危险物品肇事罪

194. 下列不属于预防物体打击事故的措施是( )。
    A. 增设机械安全防护装置和断电保护装置
    B. 安全防护用品要保证质量,及时调换、更新
    C. 拆除工程应有施工方案,并按要求搭设防护隔离棚和护栏,设置警示标志和搭设围网

195. 固定式排烟罩的特点是( )。
    A. 可以根据焊接地点和操作位置的需要随意移动
    B. 适合于焊接操作地点固定、焊件较小情况下采用
    C. 适用于焊接大而长的焊件时排除电焊烟尘和有毒气体

196. 焊接作业发生火灾逃生时,要尽量贴近地面撤离,主要原因是( )。
    A. 以免碰着别人
    B. 燃烧产生的有毒热烟在离地面近的地方浓度较小,可降低中毒几率
    C. 看得清地上有无障碍物

197. 波化石油气瓶是贮存和运输氢气的专用容器,瓶体表面为( )。
    A. 深绿色   B. 银灰色   C. 白色

198. 依据《中华人民共和国安全生产法》,关于从业人员享有的安全生产权利,以下表述正确的是( )。
    A. 从业人员发现直接危及人身安全的紧急情况时,有权停止作业
    B. 从业人员发现事故隐患,可以立即报告现场安全管理人员或者本单位负责人
    C. 从业人员有权拒绝接受生产经营单位提供的安全生产教育培训

199. 焊条电弧焊的主要焊接参数不包括( )。
    A. 焊条直径   B. 焊接电缆   C. 电弧电压

200. 对于气体类火灾,应选择( )灭火器。
    A. 二氧化碳   B. 水基   C. 碳酸铵盐

201. 水下焊接时为防止高温熔滴落进潜水服的折叠处或供气管,烧坏潜水服或供气管,尽量避免( )。
    A. 横焊   B. 仰焊和仰割   C. 平焊

202. 依据《中华人民共和国安全生产法》，生产经营单位应当（　　）从业人员严格执行本单位的安全生产规章制度和安全操作规程并向从业人员如实告知作业场所和工作岗位存在的危险因素、防范措施以及事故应急措施。

　　A. 教育和督促　　　　　　　B. 通知　　　　　　　　C. 鼓励

203. 对于多数熔化焊设备而言，电力变压器是否合适的决定性因素是（　　）。

　　A. 允许的电流值　　　　　　B. 允许的电压降　　　　C. 允许的发热程度

204. 在分析和监视置换焊补中的空气时，分析数据的有效性为焊制前（　　）分钟内。

　　A. 30　　　　　　　　　　　B. 45　　　　　　　　　C. 15

205. 依据《中华人民共和国消防法》，生产、储存、运输、销售、使用、销毁易燃易爆危险品，必须执行（　　）和管理规定。

　　A. 消防技术标准　　　　　　B. 特种作业技术标准　　C. 无害化处理标准

206. 在接要线上不准设置（　　），以确保零线回路不中断。

　　A. 开关　　　　　　　　　　B. 熔断器　　　　　　　C. 熔断器或开关

207. 下列选项中不属于焊接通风技术措施设计的要求的是（　　）。

　　A. 车间内施焊时，必须保证焊接过程中产生的有害物质能及时排出，保证车间作业地带的条件良好、卫生

　　B. 通常次级回路之一均与机身相连而接地

　　C. 应便于拆卸和安装，适合定期清理和修配的需要

208. 在接要线上不准设置（　　），以确保要线回路不中断。

　　A. 熔断器　　　　　　　　　B. 熔断器或开关　　　　C. 开关

209. 下列选项中属于防灼伤措施的是（　　）。

　　A. 焊工焊接时必须正确穿戴好焊工专用防护工作服、焊工专用绝缘手套和焊工专用绝缘鞋

　　B. 加强焊工个人防护，工作时戴防护口罩

　　C. 对在临近运行的生产装置区、油罐区内焊接作业，必须砌筑防火墙

210. 带压不置换焊割的特点不包括（　　）。

　　A. 作业时间短　　　　　　　B. 程序少　　　　　　　C. 费时麻烦

211. 等离子弧焊时，严禁焊工用（　　）触及焊炬等带电体。

　　A. 竹棍　　　　　　　　　　B. 金属工具　　　　　　C. 木棍

212. 关于焊条直径的选择依据，下列说法错误的是（　　）。

　　A. 焊条直径的选择主要取决于焊件厚度、接头型式、焊缝位置及焊接层次等因素

　　B. 在不影响焊接质量的前提下，为了提高劳动生产率，一般倾向于选择较大直径的焊条

　　C. 厚度较大的焊件，应选用较小直径的焊条

213. 关于直接触电的防护措施错误的是（　　）。

　　A. 电气联锁防护　　　　　　B. 限制能耗防护　　　　C. 石棉手套防护

214. 熔透型等离子弧焊接时，维弧电流（　　）容易损坏喷嘴，一般选用2～5 A。

　　A. 过大　　　　　　　　　　B. 过小　　　　　　　　C. 适中

215. 细丝二氧化碳气体保护焊使用的焊丝直径是（　　）mm。

　　A. 大于1.6　　　　　　　　B. 小于1.6　　　　　　　C. 等于1.6

216. 关于在选用焊条时的原则,下列说法错误的是(　　)。
    A. 可以不考虑焊件的工作条件及使用性能
    B. 考虑简化工艺、提高生产率、降低成本
    C. 考虑焊件的机械性能、化学成分

217. 下列属于置换焊补常用介质的是(　　)。
    A. 氧气　　　　　　　　B. 氢气　　　　　　　　C. 氮气

218. 下列不属于预防高处坠落事故的措施是(　　)。
    A. 提升机具要经常维修保养、检查,禁止超载和违章作业
    B. 危险地段或坑井边、陡坎处增设警示、警灯、维护栏杆,夜间增加施工照明亮度
    C. 电动机械设备按规定接地接零

219. 熔透型等离子弧焊接时,维弧电流(　　)容易损坏喷嘴,一般选用2～5 A。
    A. 适中　　　　　　　　B. 过大　　　　　　　　C. 过过小

220. 氧气瓶是贮存和运输氧气的专用高压容器,瓶体表面为(　　)。
    A. 灰色　　　　　　　　B. 天蓝色　　　　　　　C. 黑色

221. 熔透型等离子弧焊接时,维弧电流(　　)容易损坏喷嘴,一般选用2～5 A。
    A. 过小　　　　　　　　B. 适中　　　　　　　　C. 过大

222. 关于焊条电弧焊的操作,不正确的是(　　)。
    A. 电弧中断和焊接结束时,应把收尾处的弧坑填满
    B. 为获得良好的焊缝成形,焊条得不断地运动
    C. 焊条电弧焊最基本的操作是引弧、灭弧和收尾

223. 焊条电弧焊的主要焊接参数不包括(　　)。
    A. 焊接电缆　　　　　　B. 焊条直径　　　　　　C. 电弧电压

224. 焊接电缆的绝缘一般应每隔(　　)检查一次。
    A. 1年　　　　　　　　B. 3个月　　　　　　　　C. 6个月

225. 二氧化碳焊短路过渡焊接所用的焊丝较细,若焊丝伸出过长,则(　　)。
    A. 该段焊丝的电阻热大,易引起成段熔断
    B. 飞溅小,焊接过程稳定
    C. 熔深深并且较少产生气孔

226. 焊接操作现场应该保持必要的通道,人行通道的宽度不得小于(　　)m。
    A. 1　　　　　　　　　　B. 1.5　　　　　　　　　C. 2

227. 动火执行人员拒绝动火的原因不包括(　　)。
    A. 有动火证　　　　　　B. 未经申请动火　　　　C. 超越动火范围

228. 与其他电弧焊相比,(　　)不是手工钨极弧焊的优点。
    A. 可焊接的材料范围广　　B. 保护效果好,焊缝质量高　　C. 生产率高

229. 等离子弧会产生高强度、(　　)频率的噪声。
    A. 正常　　　　　　　　B. 低　　　　　　　　　　C. 高

230. 焊接是使两工件产生(　　)结合的方式。
    A. 分子　　　　　　　　B. 原子　　　　　　　　C. 电子

231. 焊接用氩气盛装在氩气瓶中,氩气瓶属于高压容器,其瓶体为(　　),且瓶身上注有深绿色"氩"字样。
    A. 银灰色　　　　　　　B. 蓝色　　　　　　　　C. 黑色

232. 二氧化碳气体保护焊在高温电弧区域里的气体有（   ）。

    A. 氢气　　　　　　　　　　B. 氮气　　　　　　　　　　C. 氧气

233. 纯钨极要求的空载电压（   ）。

    A. 较低　　　　　　　　　　B. 较高　　　　　　　　　　C. 无要求

234. 氧化焰中氧与乙炔的比例（   ）。

    A. 等于 1～1.2　　　　　　　B. 大于 1.2　　　　　　　　C. 小于 1

235. 根据国家标准《气体焊接设备焊接、切割和类似作业用橡胶软管》的规定，二氧化碳气体保护焊所用二氧化碳胶管的颜色是（   ）。

    A. 蓝色　　　　　　　　　　B. 黑色　　　　　　　　　　C. 红色

236. 氩弧焊影响人体的有害因素不包括（   ）。

    A. 温度高　　　　　　　　　B. 放射性　　　　　　　　　C. 高频电磁场

237. 可燃气体爆炸与粉尘爆炸的最大区别是（   ）。

    A. 声音　　　　　　　　　　B. 多次爆炸　　　　　　　　C. 燃烧作用

238. 二氧化碳气体保护焊一般采用（   ），此时使用各种焊接电流值都能获得比较稳定的电弧，熔滴过渡平稳。

    A. 交流电源　　　　　　　　B. 直流反接　　　　　　　　C. 直流正接

239. 下列不属于压缩机爆裂的原因是（   ）。

    A. 压缩机气缸内受水力冲击

    B. 太阳晒

    C. 气缸壁温度过高时，突然将冷却水注入气缸水套内

240. 焊钳温度过高时，（   ）是错误的冷却方式。

    A. 水浸冷却　　　　　　　　B. 风冷　　　　　　　　　　C. 自然冷却

241. 手持式电动工具的接地线，在（   ）应进行检查。

    A. 每年　　　　　　　　　　B. 每月　　　　　　　　　　C. 每次使用前

242. 不能防护直接触电的是（   ）。

    A. 装漏电开关

    B. 装高电流插座

    C. 装剩余电流动作保护器

243. 动火作业现场是否需要处置火灾隐患的正确答案是（   ）。

    A. 只需要检查火灾隐患，无需处置

    B. 否，动火作业本身就已经处置了火灾隐患

    C. 是，应清理可燃杂物和控制火灾隐患

244. 气瓶运输（含装卸）时，下列行为应禁止的是（   ）。

    A. 戴好瓶帽

    B. 用起重机直接吊运钢瓶

    C. 夏季运输应有遮阳设施，适当覆盖，避免曝晒

245. 在不同电流的种类中，常用的 50～60 Hz 工频交流电对人体的伤害（   ）。

    A. 严重　　　　　　　　　　B. 不严重　　　　　　　　　C. 最为严重

246. 吸收率决定了工件对激光束能量的利用率。下列措施不能增加材料对激光的吸收率的是（   ）。

    A. 提高材料表面温度　　　　B. 材料表面处理　　　　　　C. 使用惰性气体

247. 乙炔具有弱酸性,将其通入氯化亚铜氨水溶液,立即生成棕红色乙炔亚铜沉淀,因此,乙炔在使用贮运中要避免与( )接触。

  A. 铝   B. 铁   C. 纯铜

248. 以下说法错误的是( )。

  A. 电力变压器和馈电母线是否合适的决定性因素是允许电压降,不用考虑发热因素

  B. 从开关板到焊机的导线应设计成低阻抗,以使线路中的电压降最小

  C. 电压降应在焊机所在处测量

249. 下列着火源不包括( )。

  A. 氢气   B. 化学反应热   C. 静电荷产生的火花

250. 在气焊气割工作中,发生回火后,应立即关闭( )。

  A. 氧气调节阀   B. 乙炔调节阀门   C. 切割氧阀门

251. 依据《特种作业人员安全技术培训考核管理规定》,特种作业操作资格考试包括安全技术理论考试和( )两部分。

  A. 能力测试   B. 面试   C. 实际操作考试

252. 按组成的不同,可燃物质不包括( )。

  A. 无机可燃物质   B. 液态可燃物质   C. 有机可燃物质

253. 氩弧焊机供气系统没有( )。

  A. 气体流量计   B. 干燥器   C. 减压器

254. 电子束焊接时,高速运动的电子束与焊件产生( )。

  A. 撞击   B. 感应   C. 辐射

255. 钨极氩弧焊时,易爆物品距离焊接场所不得小于( )m。

  A. 8   B. 5   C. 10

256. 熔化焊机通电检查的直接目的是( )。

  A. 检查焊接电流是否正常变化

  B. 检查控制设备各个按钮与开关操作是否正常

  C. 检查水和气是否通畅

257. 我国消防工作的方针是( )。

  A. 安全第一、预防为主

  B. 预防为主,防消结合

  C. 安全第一、防消结合

258. 依据《火灾分类》(GB/T4968—2008),按照可燃物的类型和燃烧特性将火灾分为6类,其中E类火灾为( )。

  A. 烹饪物火灾   B. 金属火灾   C. 带电火灾

259. 人员密集场所动火审批应经( )签字同意方可进行。

  A. 消防安全管理人(主管副总经理)

  B. 消防安全责任人(总经理)

  C. 保安

260. 气瓶在储存时必须与可燃物、易燃液体隔离。采用不可燃隔板隔离时,隔板高度不低于( )。

  A. 1.2 m   B. 1.6 m   C. 1.4 m

261. 空气压缩机气缸刚经洗净后，（   ）气缸盖。
  A. 无所谓　　　　　　　B. 必须打开　　　　　　　C. 必须封闭

262. 可燃物质的自燃点越低，则发生火灾的危险性（   ）。
  A. 不受影响　　　　　　B. 越大　　　　　　　　　C. 越小

263. 扩建、改建建筑施工时，不应直接在裸露的（   ）材料上动火作业。
  A. 可燃或易燃　　　　　B. 难燃　　　　　　　　　C. 不燃

264. 非熔化极氩弧焊通常用（   ）。
  A. 铜极　　　　　　　　B. 钛极　　　　　　　　　C. 钨极

265. 燃烧必须具备三个必要条件，（   ）不属于必要条件。
  A. 着火源　　　　　　　B. 气体　　　　　　　　　C. 助燃物

266. 劳动者存在（   ）情形，用人单位不得解除劳动合同，同时用人单位不得依照本法第四十条、第四十一条的规定解除劳动合同。
  A. 在本单位患职业病或者因工负伤并被确认丧失或者部分丧失劳动能力的
  B. 劳动者不能胜任工作，经过培训或者调整工作岗位，仍不能胜任工作的
  C. 生产经营发生严重困难的

267. 电灼伤处皮肤呈（   ）色。
  A. 蓝绿　　　　　　　　B. 灰黄　　　　　　　　　C. 黄褐

268. 储存有（   ）的仓库的火灾危险性为甲类。
  A. 棉花　　　　　　　　B. 润滑油　　　　　　　　C. 酒精

269. 焊条电弧焊使用酸性焊条起头焊时，应（   ）进行正常焊接。
  A. 引燃电弧后即
  B. 在离焊缝起焊处 30 mm 左右引燃电弧后拉向焊缝端部
  C. 引燃电弧后将电弧拉长，对起焊端部进行必要的预热，然后压短电弧长度

270. 依据《火灾分类》，按照可燃物的类型和燃烧特性将火灾分为 6 类，其中 E 类火灾为（   ）。
  A. 带电火灾　　　　　　B. 烹饪物火灾　　　　　　C. 金属火灾

271. 安全用电检查主要内容不包括（   ）。
  A. 接地情况　　　　　　B. 电气设备的技术指标　　C. 绝缘情况

272. 乙炔具有弱酸性，将其通入氢化亚铜氨水溶液，立即生成棕红色乙炔亚铜沉淀，因此，乙炔在使用贮运中要避免与（   ）接触。
  A. 铁　　　　　　　　　B. 纯铜　　　　　　　　　C. 铝

273. 埋弧焊熔剂成分里含有的（   ），焊接时虽不像手弧焊那样产生可见烟雾，但会产生一定量的有害气体和蒸气，损害人体健康。
  A. 氧化硅　　　　　　　B. 氟化氢　　　　　　　　C. 氧化锰

274. 等离子弧焊的电弧热量可以熔透的工件深度和切割速度（   ）。
  A. 没有比例关系　　　　B. 成反比　　　　　　　　C. 成正比

275. 人员密集场所动火审批应经（   ）签字同意方可进行。
  A. 保安
  B. 消防安全责任人（总经理）
  C. 消防安全管理人（主管副总经理）

276. 焊接性能好的钢种是（　　　）。
    A. 低碳钢　　　　　　　　B. 中碳钢　　　　　　　　C. 高碳钢

277. 氩弧堆焊的主要危险不包括（　　　）。
    A. 有害气体　　　　　　　B. 高频电场　　　　　　　C. 烟尘

278. 在水下操作时,如焊工不慎跌倒或气瓶用完更换新瓶时,常因供气压力低于割炬所处的水压力而失去平衡,这时极易发生（　　　）。
    A. 回火　　　　　　　　　B. 熄火　　　　　　　　　C. 火焰变强

279. （　　　）吸入人体,能够使氧在体内的输送或组织吸收氧的功能发生障碍,使人体组织因缺氧而坏死。
    A. 一氧化碳　　　　　　　B. 臭氧　　　　　　　　　C. 氮氧化物

280. 水下焊接方法不包括（　　　）。
    A. 干法焊接　　　　　　　B. 局部湿法焊接　　　　　C. 湿法焊接

281. 铁素体不锈钢常采用（　　　）进行焊接。
    A. 焊条电弧焊　　　　　　B. 埋弧焊　　　　　　　　C. 等离子弧焊

282. 埋弧焊时,单丝埋弧焊在工件不开坡口的情况下,一次可熔透（　　　）mm。
    A. 30　　　　　　　　　　B. 20　　　　　　　　　　C. 10

283. 埋弧焊焊丝上经常镀（　　　）,既可起防锈作用,又可改善焊丝与导电嘴的电接触状况。
    A. 银　　　　　　　　　　B. 镍　　　　　　　　　　C. 铜

284. 在分析和监视置换焊补中的空气时,分析数据的有效性为焊割前（　　　）分钟内。
    A. 15　　　　　　　　　　B. 45　　　　　　　　　　C. 30

285. （　　　）焊可以选用较大直径焊条和较大焊接电流,应用广泛。
    A. 立　　　　　　　　　　B. 平　　　　　　　　　　C. 仰

286. （　　　）是焊条电弧焊最重要的参数,是焊工在操作过程中需要调节的参数。
    A. 焊接电流　　　　　　　B. 焊条类型　　　　　　　C. 焊条直径

287. 置换焊补时,必须保证盲板有足够的（　　　）。
    A. 硬度　　　　　　　　　B. 强度　　　　　　　　　C. 塑性

288. 在改变焊机接线、转移焊机或临时离开工作现场时,都应（　　　）。
    A. 切断气源　　　　　　　B. 整理好工具　　　　　　C. 切断电源

289. 带压不置换焊割的特点不包括（　　　）。
    A. 费时麻烦　　　　　　　B. 程序少　　　　　　　　C. 作业时间短

290. 气瓶在储存时必须与可燃物、易燃液体隔离。采用不可燃隔板隔离时,隔板高度不低于（　　　）。
    A. 1.4 m　　　　　　　　B. 1.6 m　　　　　　　　C. 1.2 m

291. 氩弧堆焊的主要危险不包括（　　　）。
    A. 有害气体　　　　　　　B. 烟尘　　　　　　　　　C. 高频电场

292. 在不同电流的种类中,常用的 50～60 Hz 工频交流电对人体的伤害（　　　）。
    A. 不严重　　　　　　　　B. 最为严重　　　　　　　C. 严重

293. 可移动式排烟罩的特点是(　　)。
    A. 可以根据焊接地点和操作位置的需要随意移动
    B. 适合于焊接操作地点固定、焊件较小情况下采用
    C. 适用于焊接大而长的焊件时排除电焊烟尘和有毒气体

294. 紫外线对人体的危害主要是造成(　　)的伤害。
    A. 皮肤和眼睛　　　　　　B. 眼睛　　　　　　C. 皮肤

295. 液化石油气瓶是贮存和运输氢气的专用容器,瓶体表面为(　　)。
    A. 银灰色　　　　　　B. 深绿色　　　　　　C. 白色

296. 等离子弧切割时,会产生(　　)dB以上的噪声,对人体有影响。
    A. 100　　　　　　B. 50　　　　　　C. 85

297. 固定式排烟罩的特点是(　　)。
    A. 适用于焊接大而长的焊件时排除电焊烟尘和有毒气体
    B. 适合于焊接操作地点固定、焊件较小情况下采用
    C. 可以根据焊接地点和操作位置的需要随意移动

298. 检查等离子弧焊接面罩是否漏光,应选择遮光号(　　)的护目镜片。
    A. 小　　　　　　B. 大　　　　　　C. 无需求

299. 在接零线上不准设置(　　),以确保零线回路不中断。
    A. 开关　　　　　　B. 熔断器或开关　　　　　　C. 熔断器

300. 等离子弧焊的电弧热量可以熔透的工件深度和切割速度(　　)。
    A. 没有比例关系　　　　　　B. 成正比　　　　　　C. 成反比

301. 二氧化碳气体保护焊的电弧电压应随所采用的焊接电流的增加而(　　)。
    A. 减小　　　　　　B. 增加　　　　　　C. 不变

302. 碳弧气刨压缩空气的压力是由(　　)决定的。
    A. 刨削速度　　　　　　B. 刨削深度　　　　　　C. 刨削电流

303. 等离子弧焊接和切割采用的引弧方式是(　　)。
    A. 高频振荡器　　　　　　B. 中频振荡器　　　　　　C. 低频振荡器

304. 等离子弧会产生高强度、(　　)频率的噪声。
    A. 高　　　　　　B. 低　　　　　　C. 正常

305. 钨极氩弧焊时,易爆物品距离焊接场所不得小于(　　)m。
    A. 8　　　　　　B. 10　　　　　　C. 5

306. 气瓶运输(含装卸)时,下列行为应禁止的是(　　)。
    A. 夏季运输应有遮阳设施,适当覆盖,避免曝晒
    B. 戴好瓶帽
    C. 用起重机直接吊运钢瓶

307. 水不能扑救的火灾是(　　)。
    A. 原油火灾
    B. 森林火灾
    C. 贮存大量浓硫酸、浓硝酸的场所发生火灾

308. 气焊、气割时,氧气瓶和乙炔瓶的间距应大于(　　)m。
    A. 5　　　　　　B. 10　　　　　　C. 8

309. 关于焊条电弧焊的操作,不正确的是(　　)。
 A. 焊条电弧焊最基本的操作是引弧、灭弧和收尾
 B. 电弧中断和焊接结束时,应把收尾处的弧坑填满
 C. 为获得良好的焊缝成形,焊条得不断地运动

310. 与其他电弧焊相比,(　　)不是手工钨极氩弧焊的优点。
 A. 可焊接的材料范围广
 B. 生产率高
 C. 保护效果好,焊缝质量高

311. 焊接电弧产生的强烈紫外线对人体健康有一定的危害,(　　)是工常见的职业病。
 A. 皮肤病　　　　　　　　B. 尘肺　　　　　　　　C. 电光性眼炎

312. 爆炸下限较低的可燃气体、蒸汽或粉尘,危险性(　　)。
 A. 较大　　　　　　　　　B. 较小　　　　　　　　C. 没影响

考试题库答案

一、判断题

1. ✗	2. ✗	3. ✗	4. ✓	5. ✗	6. ✗	7. ✗	8. ✓	9. ✓	10. ✓
11. ✓	12. ✓	13. ✓	14. ✓	15. ✗	16. ✗	17. ✓	18. ✗	19. ✓	20. ✗
21. ✓	22. ✗	23. ✗	24. ✓	25. ✓	26. ✓	27. ✓	28. ✗	29. ✓	30. ✓
31. ✓	32. ✗	33. ✗	34. ✗	35. ✗	36. ✓	37. ✗	38. ✓	39. ✗	40. ✓
41. ✓	42. ✓	43. ✓	44. ✗	45. ✗	46. ✓	47. ✓	48. ✓	49. ✓	50. ✗
51. ✓	52. ✗	53. ✓	54. ✓	55. ✗	56. ✗	57. ✗	58. ✓	59. ✓	60. ✓
61. ✓	62. ✓	63. ✓	64. ✗	65. ✓	66. ✗	67. ✓	68. ✓	69. ✓	70. ✗
71. ✓	72. ✓	73. ✓	74. ✓	75. ✗	76. ✗	77. ✓	78. ✓	79. ✗	80. ✗
81. ✓	82. ✓	83. ✗	84. ✗	85. ✗	86. ✓	87. ✓	88. ✓	89. ✗	90. ✓
91. ✓	92. ✗	93. ✗	94. ✗	95. ✗	96. ✓	97. ✓	98. ✓	99. ✓	100. ✓
101. ✓	102. ✗	103. ✓	104. ✓	105. ✓	106. ✓	107. ✗	108. ✓	109. ✓	110. ✗
111. ✓	112. ✓	113. ✗	114. ✓	115. ✓	116. ✗	117. ✓	118. ✗	119. ✗	120. ✓
121. ✗	122. ✓	123. ✓	124. ✓	125. ✓	126. ✓	127. ✓	128. ✓	129. ✓	130. ✓
131. ✓	132. ✓	133. ✓	134. ✓	135. ✓	136. ✓	137. ✓	138. ✓	139. ✓	140. ✓
141. ✓	142. ✓	143. ✓	144. ✓	145. ✓	146. ✓	147. ✓	148. ✗	149. ✗	150. ✓
151. ✓	152. ✓	153. ✓	154. ✗	155. ✓	156. ✓	157. ✓	158. ✓	159. ✓	160. ✗
161. ✗	162. ✓	163. ✓	164. ✓	165. ✓	166. ✓	167. ✓	168. ✓	169. ✓	170. ✓
171. ✓	172. ✓	173. ✓	174. ✗	175. ✓	176. ✓	177. ✓	178. ✗	179. ✓	180. ✓
181. ✓	182. ✗	183. ✗	184. ✓	185. ✓	186. ✗	187. ✓	188. ✗	189. ✓	190. ✓
191. ✓	192. ✓	193. ✓	194. ✓	195. ✓	196. ✓	197. ✓	198. ✓	199. ✓	200. ✓
201. ✓	202. ✗	203. ✗	204. ✗	205. ✓	206. ✓	207. ✓	208. ✓	209. ✗	210. ✗
211. ✗	212. ✓	213. ✓	214. ✓	215. ✓	216. ✓	217. ✓	218. ✓	219. ✓	220. ✓
221. ✗	222. ✗	223. ✓	224. ✓	225. ✓	226. ✓	227. ✓	228. ✓	229. ✗	230. ✗
231. ✓	232. ✓	233. ✓	234. ✓	235. ✓	236. ✓	237. ✓	238. ✓	239. ✓	240. ✓
241. ✓	242. ✓	243. ✓	244. ✓	245. ✓	246. ✓	247. ✗	248. ✗	249. ✓	250. ✓
251. ✓	252. ✓	253. ✓	254. ✓	255. ✓	256. ✓	257. ✗	258. ✓	259. ✓	260. ✗
261. ✓	262. ✓	263. ✗	264. ✓	265. ✓	266. ✓	267. ✓	268. ✓	269. ✓	270. ✗
271. ✓	272. ✓	273. ✗	274. ✓	275. ✓	276. ✓	277. ✓	278. ✓	279. ✓	280. ✓
281. ✓	282. ✓	283. ✗	284. ✓	285. ✓	286. ✓	287. ✓	288. ✗	289. ✓	290. ✓
291. ✓	292. ✓	293. ✓	294. ✓	295. ✗	296. ✓	297. ✓	298. ✓	299. ✓	300. ✓
301. ✗	302. ✗	303. ✓	304. ✗	305. ✓	306. ✗	307. ✗	308. ✗	309. ✓	310. ✓

311. ✓ 312. ✓ 313. ✗ 314. ✗ 315. ✗ 316. ✗ 317. ✓ 318. ✗ 319. ✓ 320. ✓
321. ✗ 322. ✓ 323. ✗ 324. ✓ 325. ✓ 326. ✗ 327. ✓ 328. ✗ 329. ✓ 330. ✗
331. ✗ 332. ✗ 333. ✓ 334. ✓ 335. ✓ 336. ✗ 337. ✗ 338. ✗ 339. ✗ 340. ✗
341. ✓ 342. ✓ 343. ✗ 344. ✗ 345. ✓ 346. ✓ 347. ✓ 348. ✓ 349. ✓ 350. ✓
351. ✗ 352. ✓ 353. ✗ 354. ✓ 355. ✓ 356. ✓ 357. ✗ 358. ✓ 359. ✓ 360. ✗
361. ✗ 362. ✓ 363. ✓ 364. ✓ 365. ✓ 366. ✓ 367. ✓ 368. ✗ 369. ✓ 370. ✓
371. ✗ 372. ✓ 373. ✓ 374. ✗ 375. ✓ 376. ✓ 377. ✓ 378. ✗ 379. ✗ 380. ✗
381. ✗ 382. ✗ 383. ✓ 384. ✓ 385. ✓ 386. ✓ 387. ✓ 388. ✓ 389. ✓ 390. ✓

二、选择题

1. B 2. A 3. B 4. B 5. B 6. C 7. C 8. C 9. B 10. C
11. A 12. C 13. C 14. C 15. B 16. B 17. A 18. B 19. B 20. A
21. B 22. A 23. B 24. B 25. C 26. C 27. C 28. A 29. B 30. A
31. C 32. B 33. C 34. B 35. B 36. C 37. A 38. A 39. C 40. C
41. C 42. B 43. C 44. A 45. C 46. C 47. C 48. C 49. A 50. A
51. C 52. B 53. C 54. B 55. B 56. A 57. B 58. B 59. A 60. B
61. C 62. B 63. A 64. B 65. A 66. B 67. C 68. C 69. C 70. A
71. C 72. B 73. C 74. B 75. C 76. A 77. C 78. A 79. A 80. A
81. C 82. A 83. A 84. A 85. A 86. B 87. B 88. B 89. A 90. B
91. C 92. A 93. B 94. C 95. A 96. A 97. A 98. C 99. B 100. C
101. B 102. B 103. C 104. B 105. B 106. B 107. B 108. B 109. A 110. C
111. C 112. B 113. B 114. B 115. B 116. B 117. C 118. C 119. C 120. C
121. A 122. C 123. A 124. C 125. C 126. A 127. C 128. A 129. B 130. A
131. C 132. B 133. B 134. A 135. A 136. C 137. B 138. B 139. C 140. C
141. B 142. C 143. A 144. B 145. A 146. A 147. C 148. A 149. C 150. C
151. C 152. B 153. A 154. B 155. C 156. A 157. B 158. B 159. C 160. C
161. B 162. C 163. C 164. A 165. B 166. A 167. A 168. B 169. B 170. C
171. C 172. C 173. C 174. A 175. C 176. C 177. C 178. B 179. B 180. A
181. B 182. B 183. C 184. A 185. C 186. C 187. A 188. C 189. C 190. B
191. B 192. B 193. A 194. C 195. B 196. B 197. B 198. A 199. B 200. A
201. B 202. A 203. B 204. A 205. A 206. C 207. B 208. B 209. A 210. C
211. B 212. C 213. C 214. A 215. B 216. A 217. C 218. C 219. B 220. B
221. C 222. C 223. A 224. C 225. A 226. B 227. A 228. C 229. C 230. B
231. A 232. C 233. B 234. B 235. B 236. A 237. B 238. B 239. B 240. A
241. C 242. B 243. C 244. B 245. C 246. C 247. C 248. A 249. A 250. C
251. C 252. B 253. B 254. A 255. C 256. B 257. B 258. C 259. B 260. B
261. B 262. B 263. A 264. C 265. B 266. A 267. C 268. C 269. C 270. A
271. B 272. B 273. C 274. B 275. B 276. A 277. C 278. A 279. A 280. B
281. A 282. B 283. C 284. C 285. B 286. A 287. B 288. C 289. A 290. B
291. B 292. B 293. A 294. A 295. A 296. C 297. B 298. B 299. B 300. C
301. B 302. C 303. A 304. A 305. B 306. C 307. C 308. A 309. A 310. B
311. C 312. A

附录二:安全标识

安全色包括"红,蓝,黄,绿"四种颜色,分别代表:

1. 红色,表示禁止、停止,用于禁止标志、停止信号、车辆上的紧急制动手柄等。
2. 蓝色,表示指令、必须遵守的规定,一般用于指令标志。
3. 黄色,表示警告、注意,用于警告警戒标志、行车道中线等。
4. 绿色,表示提示安全状态、通行,用于提示标志、行人和车辆通行标志等。

一、安全警告标识

当心磁场
Danger! Magnetic field

当心电离辐射
Danger! Ionizing radiation

当心裂变物质
Danger! Fissile material

当心激光
Danger! Laser

当心微波
Danger! Microwave

当心叉车
Danger! Forklift

当心车辆
Danger! Vehicle

当心火车
Danger! Train

当心坠落
Danger! Fall

当心障碍物
Danger! Obstruction

当心滑倒
Danger! Slide

当心跌落
Danger! Obstruction

当心落水
Danger! Drowning

当心缝隙
Danger! Crevice

当心泄漏
Danger! Leak

当心静电
Danger! Static electricity

危险工作区
Dangerous working area

保持区域整洁
Keep the area clean and tidy

当心热水高温
Danger! Hot water temperature

氧化剂
Oxygen agent

二次爆炸
Two explosion

当心蒸汽和热水
Steam and hot water

当心高压线管
Danger! High pressure line pipe

当心电缆
Danger! Cable

当心瓦斯
Danger! Gas

二、安全禁止标识

严禁烟火 No Burning	禁止吸烟 No Smoking	禁止带火种 No Kindling	禁止用水浇灭 No Extinguishing With Water	禁止放置易燃物 No Laying Inflammable Thing	禁止滑冰 No Skating
禁止堆放 No Stocking	禁止启动 No Starting	禁止合闸 No Switching on	禁止转动 No Turning	禁止叉车和厂内机械 车辆通行	禁止携带武器及仿真武器
禁止乘人 No Riding	禁止靠近 No Nearing	禁止入内 No Entering	禁止推动 No Pushing	禁止停留 No Stopping	禁止携带托运易燃 及易爆物品
禁止通行 No Throughfare	禁止跨越 No Striding	禁止攀登 No Climbing	禁止跳下 No Jumping Down	禁止伸出窗外 No stretching out of the window	禁止携带托运有毒物品 及有害液体
禁止倚靠 No Leaning	禁止坐卧 No Sitting	禁止蹬踏 No Stepping on Surface	禁止触摸 No Touching	禁止伸入 No Reaching In	禁止携带托运放射性 及磁性物品
禁止饮用 No Drinking	禁止抛物 No Tossing	禁止戴手套 No Putting on Gloves	禁止穿化纤服装 No Putting on Chemical Fibre Clothes	禁止穿带钉鞋 No Putting on Spikes	禁止游泳 No Swimming
禁止开启无线 移动通信设备 No Activated Mobile Phones	禁止携带金属物或手表 No Metallic Articles or Watches	禁止佩戴心脏起 搏器者通过 No Access For Persons With Pacemakers	禁止植入金属材料者通过 No Access For Persons With Metallic Implants		

三、安全指示标识

必须用防护屏　Must use protective screen
必须保持清洁　Must be kept clean
必须穿工作服上岗　Must wear the uniform
必须持指挥证　Must hold command card
必须携带矿灯　Must carry a miner's lamp
必须戴防护帽　Must wear protective cap

必须保持通道畅通　Must keep the channels open
鸣　笛　Honking
人行走道　The pedestrian walkway
必须带自救器　Must take self-rescuer
严格执行检查　Strictly carry out inspection
必须戴安全帽　Must wear safety helmet

整理整顿　Arrange consolidation
正在检修　Is in maintenance
请穿戴整齐上班　Please fully dressed for work
必须戴矿工帽　Must the miners cap
必须穿戴绝缘保护用品
必须戴护耳器　Must wear ear protector

注意通风　Be careful ventilation
执行操作规程 禁止违章操作　Must hold relevant certificates
必须持证上岗
必须保持通风　Must keep ventilated
必须戴防护面具　Must wear protective mask
必须戴防毒面具　Must wear a gas mask

必须戴防护面罩　Must wear protective mask
必须穿戴防护用品 穿工作服上班　Must wear protective equipment
必须穿工作服
必须戴防护眼镜 护耳器
必须要洗手　Must wash their hands
必须戴防尘口罩　Must wear a dust mask

钥匙存放处　Key store
必须穿防静电工作服
密闭空间遵守进入
必须佩带遮光护目镜
请查阅化学品安全技术说明
必须系安全带　Must wear a seat belt

请穿戴整齐　Please dress up
必须戴防护手套　Must wear protection
必须穿防护服　Must wear protection clothing
必须穿救生衣　Must wear a life jacket
必须接地
必须拔出插头

必须加锁